农事指南系列丛书

桃产业关键实用技术 100 问

俞明亮　郭　磊　编著

中国农业出版社
北　京

图书在版编目（CIP）数据

桃产业关键实用技术100问 / 俞明亮，郭磊编著. —北京：中国农业出版社，2021.1
（农事指南系列丛书）
ISBN978-7-109-27680-2

Ⅰ.①桃… Ⅱ.①俞… ②郭… Ⅲ.①桃—果树园艺 Ⅳ.①S662.1

中国版本图书馆CIP数据核字（2020）第258858号

中国农业出版社出版
地址：北京市朝阳区麦子店街18号楼
邮编：100125
策划编辑：张丽四
责任编辑：吴洪钟　　文字编辑：耿增强
责任校对：刘丽香
印刷：北京中科印刷有限公司
版次：2021年1月第1版
印次：2021年1月北京第1次印刷
发行：新华书店北京发行所
开本：700mm × 1000mm　1/16
印张：12
字数：200千字
定价：68.00元

版权所有 · 侵权必究
凡购买本社图书，如有印装质量问题，我社负责调换。
服务电话：010 – 59195115　010 – 59194918

农事指南系列丛书编委会

总 主 编 易中懿

副总主编 孙洪武 沈建新

编　　委（按姓氏笔画排序）

吕晓兰 朱科峰 仲跻峰 刘志凌

李 强 李爱宏 李寅秋 杨 杰

吴爱民 陈 新 周林杰 赵统敏

俞明亮 顾 军 焦庆清 樊 磊

丛书序

习近平总书记在2020年中央农村工作会议上指出，全党务必充分认识新发展阶段做好“三农”工作的重要性和紧迫性，坚持把解决好“三农”问题作为全党工作重中之重，举全党全社会之力推动乡村振兴，促进农业高质高效、乡村宜居宜业、农民富裕富足。

“十四五”时期，是江苏认真贯彻落实习近平总书记视察江苏时“争当表率、争做示范、走在前列”的重要讲话指示精神、推动“强富美高”新江苏再出发的重要时期，也是全面实施乡村振兴战略、夯实农业农村现代化基础的关键阶段。农业现代化的关键在于农业科技现代化。江苏拥有丰富的农业科技资源，农业科技进步贡献率一直位居全国前列。江苏要在全国率先基本实现农业农村现代化，必须进一步发挥农业科技的支撑作用，加速将科技资源优势转化为产业发展优势。

江苏省农业科学院一直以来坚持把推进科技兴农为己任，始终坚持一手抓农业科技创新，一手抓农业科技服务，在农业科技战线上，开拓创新，担当作为，助力农业农村现代化建设。面对新时期新要求，江苏省农业科学院组织从事产业技术创新与服务的专家，梳理研究编写了农事指南系列丛书。这套丛书针对水稻、小麦、辣椒、生猪、草莓等江苏优势特色产业的实用技术进行梳理研究，每个产业凝练出100个技术问题，采用图文并茂和场景呈现的方式“一问一答”，让读者一看就懂、一学就会。

丛书的编写较好地处理了继承与发展、知识与技术、自创与引用、知识传播与科学普及的关系。丛书结构完整、内容丰富，理论知识与生产实践紧密结合，是一套具有科学性、实践性、趣味性和指导性的科普著作，相信会为江苏农业高质量发展和农业生产者科学素养提高、知识技能掌握提供很大帮助，为创新驱动发展战略实施和农业科技自立自强做出特殊贡献。

农业兴则基础牢，农村稳则天下安，农民富则国家盛。这套丛书的出版，标志着江苏省农业科学院初步走出了一条科技创新和科学普及相互促进、共同提高的科技事业发展新路子，必将为推动乡村振兴实施、促进农业高质高效发展发挥重要作用。

2020年12月25日

序

中国是桃的唯一原产地。桃伴随着中华文明已经发展了几千年，可以认为桃是中国的第一水果，世界各地的桃都是直接或间接从中国引种的。目前我国29个省份以及世界近百个国家或地区都有桃的栽培，可谓是“桃李满天下”。

随着社会进步以及科技的发展，桃产业已经成为一个生产、加工、销售等门类齐全的重要的农业产业。近年来，桃的品种和生产、加工技术等发生了很大的变化，传统的生产方式如果不加以改变是很难持续高效发展的。

产业发展的目的是创造更多的财富、创造更高的价值，因此对于桃产业来说，效益是检验产业技术的第一标准，各产业环节应用的技术都应首先突出其效益属性，体现“科学技术是第一生产力”。效益的提高依赖于劳动生产率的提高，而劳动生产率的提高又依赖于劳动者能力的提高和劳动工具的改善，这些都依赖产业技术的进步和推广。作为从事桃产业的科技工作者，需要我们从提高劳动者能力和提高劳动工具效率两个方面开展工作。

同样，因为桃产业是以生产食品为目的的，安全因素也是必须考虑的，因为安全是效益的第一保障。除了桃食品本身的安全外，还需要生产环境的安全，以保持产业的持续发展。无论从短期还是从长远来看，产业的效益受安全这个“开关”的制约。这就要求科技人员在研发和推广技术的同时，时刻牢记安全因素，努力帮助生产者树立安全生产意识。

江苏省有着悠久的桃栽培历史和深厚的桃文化底蕴。延续至今，桃产业工作者通过不断努力，加上各级管理部门的重视和科技工作者的帮助，江苏的桃园单位面积效益位居全国前列，目前桃也已成为江苏栽培面积最大的果树品种。苏南、苏中、苏北桃产区各有特色，阳山水蜜桃、新沂水蜜桃、泗阳鲜桃、徐州设施桃等在增加农民收入的同时，在调整农业产业结构、建设美丽乡村中也发挥了重要作用。

江苏省农业科学院果树研究所桃研究团队经过60多年的努力，获得了丰硕的科研成果，在江苏和全国的广大桃产区广泛应用，为产业发展做出了重要的贡献。雨花露、霞脆、霞晖等诸多品种和配套的栽培技术已经或正在产业中发挥着引领作用。

产业技术的简化不是技术简单化，而要通过更复杂的研究、花费更多的努力才能实现，桃产业技术只有省工、省力才可能创造高效益。俞明亮研究员自1990年以来一直在江苏省农业科学院从事以桃为主的果树研究工作，和团队一起培育了多个优良品种并研发了多项实用新技术。特别是近十几年来，俞明亮研究员作为中国园艺学会桃分会理事长和国家桃产业技术体系育种研究室主任，在新品种、新技术的研发及推广服务工作方面，又上了一个新台阶。郭磊博士作为新一代桃产业技术工作者，传承了前辈踏实肯干、爱岗敬业的作风，十年磨一剑，研究实践了大量实用产业技术。他们将积累的有关桃生产的实用技术悉心整理并付梓成书，对促进我国桃产业技术发展来说是一件喜事。

《桃产业关键实用技术100问》凝练了如何选择桃品种、如何识别和防治桃树常见病虫害、如何栽培管理桃树、采后及其他问题等方面目前桃产业中常遇到的100个问题，讲述了相应的解决措施和对策，并配上了图片，内容简明扼要，具有很强的科学性和实用性。这本精心编纂的书将成为桃产业工作者的实用操作指导手册和同行科技工作者的参考资料。我和老俞30多年一直一起研究桃产业技术，和郭磊10年来一起研究讨论新技术发展，为他们尊重科学、勇于实践、为产业着想的精神和做法而感动，为他们为成书所做的的辛勤付出点赞。

姜卫

2020年11月22日

前 言

我国是世界第一产桃大国，全国有29个省（自治区、直辖市）有桃的产业化栽培。目前，桃是我国仅次于苹果、梨的第三大落叶果树。中华人民共和国成立以来，我国科研人员在桃新品种选育、栽培模式、整形修剪、科学施肥、花果管理、设施栽培、病虫害综合防控、采后贮藏加工等方面开展研究，取得了显著成果，为丰富果实类型、延长鲜果供应期、提升桃果品质提供了保障，支撑了我国桃产业的发展。

本书立足国家和江苏省桃产业发展中取得的技术成果，结合国内外桃产业发展概况，对桃产业中的关键生产技术进行了系统总结和梳理。结合作者多年从事桃科研和生产实践的经验，参考国内外相关文献，编写了《桃产业关键实用技术100问》一书。该书采用问答形式，较系统地从如何选择桃品种、桃树主要病害如何防治、桃树主要虫害如何防治、如何配药打药、如何种好桃树、采后及其他问题等方面提出了100个在生产中经常遇到的问题，并进行了解答。本书在编写过程中力求章节结构系统，文字简洁，图片美观。全书选择了370余张彩色照片和多幅图表，图文并茂、通俗易懂，具有广泛的适用性和较强的实践指导性，适合广大桃产业工作者、科技人员、农民朋友阅读。希望本书的出版可为进一步提高我国桃的优质安全生产水平、增加农民收入、促进桃产业持续高效发展提供参考。

由于编者水平有限，书中难免有疏漏与错误，欢迎广大读者指正，以便及时修正。

俞明亮　郭　磊

2020年9月于南京

目　录

第一章 如何选择桃品种

桃品种有哪些类型？

桃原产于我国西部，经过4000多年的栽培演化，形成了丰富的品种资源和栽培类型。汪祖华等（2001）根据生态分布，将我国桃划分为西北高旱区、华北平原区、长江流域区、云贵高原区、青藏高原区、东北高寒区和华南亚热带区7个不同生态区；根据地理分布、果实性状和用途，传统上将地方品种划分为6个品种群，即硬肉桃品种群、蜜桃品种群、水蜜桃品种群、蟠桃品种群、油桃品种群和黄桃品种群。近年来，为生产应用方便，又将桃划分为普通桃、油桃、蟠桃、加工桃和观赏桃5个品种群（王力荣等，2012）。

鲜食桃按照果实类型分类，市场中常见的主要有普通桃（有毛圆桃）、油桃（无毛圆桃）、蟠桃（有毛扁平桃）、油蟠桃（无毛扁平桃）。其中普通桃的占比最大，油桃主要在早熟桃中比较常见，蟠桃和油蟠桃目前在生产中占比较小，但随着不同新品种的相继问世，近年来蟠桃和油蟠桃的面积也在有序增长，市场中也开始出现，丰富了消费者的选择类型（图1–1）。

普通桃

油桃

蟠桃

油蟠桃

图 1-1　不同果实类型的桃

按照果肉颜色来分，市场中常见的桃主要有白肉桃、黄肉桃和红肉桃，其中白肉桃的占比最大，黄肉桃的比例近年来提高较快，红肉桃目前市场上还比较少见。进入21世纪后，优质、大果、耐贮、种类多样化成为桃新品种选育的共同目标。目前，桃也越来越呈现出多样化的发展趋势，满足了不同消费群体的需求。

2 桃品种的发展有什么样的趋势?

桃是我国仅次于苹果、梨的第三大落叶果树。在水果市场供应日趋丰富的大背景下，未来消费需求将更加追求优质、特色、安全、方便。我国桃品种的发展有以下几个趋势。

（1）区域化发展。生态区域化，在不同气候环境产区种植适应本地气候环境的品种，适地适栽。优势产区需做好种植布局，向优质果调整；次适宜区少量种植，主要利用比较优势，做好插空补缺、特色生产，不要盲目发展；不适宜区建议不要发展。

安全区域化，自然灾害频发、高温多湿易引起病虫害严重泛滥的地区建议不要种植；有可能在某些年份遭受冻害的区域更适合保护地反季节生产。

市场区域化，发达地区的郊区可以高投入生产高品质、高成熟度的桃，也可以发展观光采摘桃品种；远离大、中型城市的地区可以生产较耐运输的优质桃。

（2）特色化发展。近年来市场上出现的蟠桃、油蟠桃、红肉桃、小果型桃等，销售价格都比较可观。因此，一些具有突出优良性状，例如含糖量高、有香气、风味浓、果面着色好或完全不着色、红肉、大果型、小果型、耐贮运等性状的品种可适当发展。

（3）优质化发展。优质化是桃品种未来发展最重要的一个方向，品质包括外观品质、风味品质、营养品质等。以阳山水蜜桃为代表的高糖度水蜜桃，采收成熟度较高、外观品质好，市场价格始终坚挺，相反，由于质量意识不强等原因生产出的，只有外观、没有口感的“萝卜桃”甚至出现贱卖到每筐10元的现象。因此，在区域化、优质化的基础上适当发展特色化是我国桃品种发展的主要趋势（朱更瑞等，2019）（图1–2）。

图 1-2 大果型，可用来作为老人祝寿的紫金黄脆和无锡地方品种

3 桃的新品种是如何来的?

据不完全统计，自中华人民共和国成立以来，全国共育成了623个桃品种，其中鲜食及加工桃品种598个、观赏桃品种16个、观赏鲜食兼用桃品种8个、砧木品种1个（俞明亮等，2019）。目前我国桃产区的主栽品种主要为通过杂交选育的品种。

通过常规杂交育种选育的新品种，从杂交开始至品种的诞生至少需要10年时间。以鲜食黄桃金陵黄露为例（许建兰等，2016），该品种是2004年春以中熟白肉桃优系99-8-3为母本，美国早熟黄肉桃品种Spring Baby为父本进行杂交授粉；当年7月中旬采收杂交果实，取出种子低温处理，当年11月种子萌发后在温室播种培养得到杂种实生苗。2005年春将实生苗种植于选种圃中，2007年杂种单株开始结果，其中的04-28-9西单株果实经济性状表现优良，随即进行高接扩繁。2010年春在江苏省农业科学院果树研究所果园扩大种植，随后在全省多地进行区试，2011年在张家港、丰县进行生产试验。2017年进行品种权申报，提交到农业农村部植物新品种保护办公室，2018年农业农村部植物新品种保护办公室人员进行现场审查，2019年授权品种权，2019年在农作物种子企业集成业务办理平台进行品种登记，新品种才可以合法销售。从杂交授粉到品种登记共历时近15年（图1-3、图1-4）。

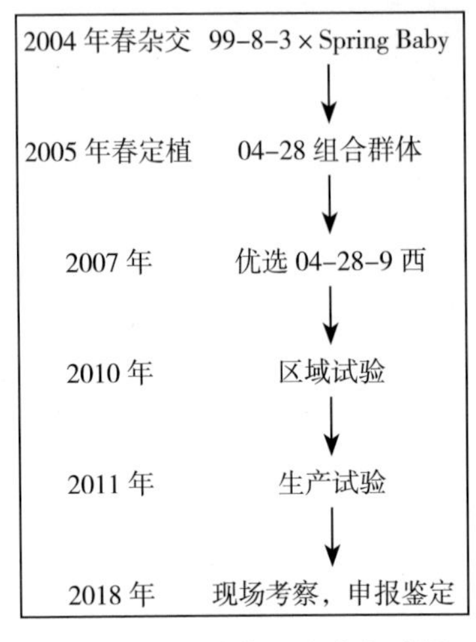

图1-3　金陵黄露的培育过程

图1-4　金陵黄露的果实

 桃品种选择需要注意哪些问题?

由于缺少经验，很多经营者会在缺乏详细实地考察的情况下盲目引进所谓的新优品种，尤其受广告宣传或他人鼓动时，最容易出现盲目引种。桃品种选择需要注意以下几个问题（郭磊等，2019）。

（1）综合性状优良。在品种引进时首先要考虑该品种是否具有综合性状优良的特点，包括果实的外观品质、内在品质、丰产性、抗病虫性等，以上性状必须在良好或中等程度以上，如果是制罐品种一般还要求黄肉、粘核、不溶质；若是制汁品种还要求出汁率高、不容易褐变等特点；若是设施品种还要求具有短低温、耐弱光等特点。

（2）具有突出优良性状。引进品种在综合性状优良的基础上，与同期、同类品种比较应具备一个或一个以上的突出优良性状，例如内在品质好（含糖量高、有香气、风味浓等）、外观漂亮（着色好或完全不着色）、果实大、耐贮运等。但以上性状中又以高品质最为核心，以湖景蜜露、霞晖6号、白凤等品种为代表的水蜜桃近年来价格始终较高（图1–5至图1–7）；近年市场上出现的以金霞油蟠、中油蟠7号、中油蟠9号等为代表的油蟠桃品种，因其外观奇特、口感香甜，也成为了明星果品，供不应求（图1–8至图1–10）。

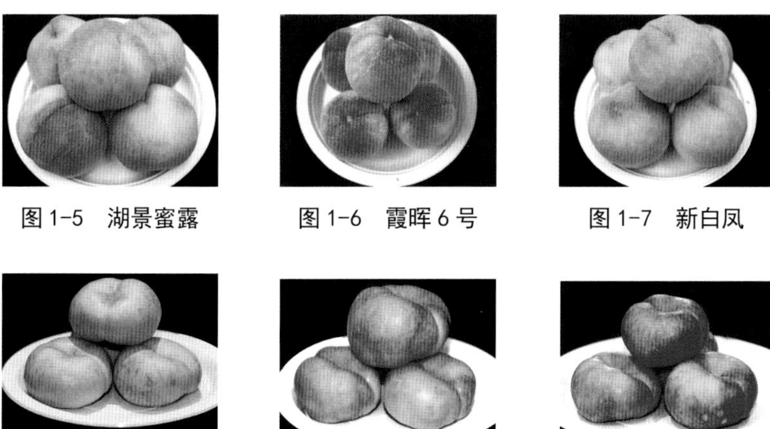

图 1-5　湖景蜜露　　图 1-6　霞晖 6 号　　图 1-7　新白凤

图 1-8　金霞油蟠　　图 1-9　中油蟠 7 号　　图 1-10　中油蟠 9 号

（3）无明显缺点。引进品种优良性状再突出，如果有明显的缺点，也不能称为优良品种。例如，映霜红在山东部分地区表现优良，成熟期晚、果实大、口感好，但在江苏露地种植，很多地区都因为成熟前雨水分布不均出现着色差、裂果严重等问题，因此如果在江苏境内露地栽培，该品种不能称为优良品种。

5　引种前要做哪些调研与评估？

桃是多年生果树，经济寿命长达十多年，品种的选择决定建园后多年的效益，因此引种前需要进行细致的调研工作。以下几个方面需要提前考虑：

（1）调研目标市场的需求。桃从定植到投产一般需要3年时间，提前考虑3年后产品目标市场的需求就很有必要。最好提前确定自己的目标市场，是本地销售、快递销售，还是某个大城市？是零售、批发，还是出口？如能提前明确目标市场，则能更好地做好市场调研工作，基本掌握目标市场的消费习惯、消费喜好，这些信息对品种的选择有重要的指导意义。

（2）调查品种适应性。适应性是选择品种的基本前提，在调查目标品种在引种地的表现之外，最好实地调查目标品种在本地的适应性或者与本地气候相近地区的表现。我国幅员辽阔，南北方气候差异明显，气温、日照长度、降水分布、土壤类型等在不同纬度和海拔地区，表现出很大差异。例如某些北方育成的品种在淮河以北的综合表现较好，当引种至淮河以南后会出现着色差、裂果重、坐果率低、病虫害发生严重等问题。

（3）种植管理经验评估。要对自己桃园的种植经验和管理水平和主要病虫害发生情况理性评估，桃园经营者的基本要求是自己要会管理桃园，对品种的生长特性要基本了解。如果是聘请专业人员代为管理桃园，代管者的能力、经验是否能够胜任也需要合理评估。由于我国南北桃产区在桃栽培模式方面有较大区别，因此，南方产区的经营者在聘请北方技术员时需要注意其在北方种桃的经验，在南方是否合适？或者，许多年龄偏大的技术员，其种植理念是否仍停留在过去的传统模式，要考虑能否适应当前的桃生产模式。

（4）根据种植规模配置品种。建园前需要合理安排种植规模，并根据种植规模综合配置不同品种的比例，如果种植规模大，要优先考虑不同品种成熟期的配套；如果种植规模小，则不建议种植品种过多，否则反而给管理和销售带来麻烦。

6 优良种苗有哪些基本要求？

当前我国桃树苗木仅有少量是由国内科研单位提供，大多数是由苗木专业合作社或苗木公司培育，桃苗质量参差不齐，总体水平不高。因此在引种购苗时，以下几个问题需要重点关注：

（1）砧木要适宜。选购时首先考虑砧木是否适宜。国内生产的桃苗目前使用的砧木主要有山桃和毛桃，其中山桃具有较强的抗寒、抗旱和抗盐碱性，在我国的北方地区普遍采用；而毛桃的抗涝性相对较好，因此南方多雨地区普遍使用毛桃为砧木。

（2）无检疫性病虫害。我国新建桃园在苗木定植前，检疫工作普遍落实不到位，因此桃苗引种时购苗者需要认真做好检疫工作。注意检查苗木根部是否有根结线虫、根瘤病、根腐病，枝干是否有介壳虫等，不能购买有检疫性病虫害的苗木，以免为以后的生产埋下隐患。

（3）桃苗相关指标要达到标准。需要检查苗木品种是否纯正，要求接穗皮色相近、砧木类型一致。一级苗（一年生）要求地上部枝条充实、生长直立，苗高大于90厘米，粗度大于1厘米；整形带内的饱满芽数8个以上；根系发达、须根多，其中侧根数量大于5条，侧根粗度大于0.5厘米、长度大于15厘米；同时要求侧根分布均匀、舒展而不卷曲；无严重的机械损伤，嫁接部位愈合良好，砧桩剪除、剪口环状愈合或者完全愈合（图1-11）。

图1-11 合格桃苗木嫁接口与根系

7 不合格苗木如何鉴定？

由于我国桃苗生产的机械化水平较低，以繁育一年生桃苗为例，嫁接、剪砧、除萌、起苗、分拣等环节主要还是依靠人工操作，以上生产环节难免出现失误，出现不同类型的次苗和假苗，主要有以下几种类型。

（1）嫁接未成活的桃苗。嫁接后接芽未成活，嫁接口以下砧木萌发出的新梢被误当做接穗品种保留。该类桃苗实际为砧木苗，从嫁接口以上枝干的皮色和皮孔类型以及新梢和叶片形状可以大致判断，一般毛桃砧木发出的新梢、叶片较细，枝干皮色偏白、偏绿，枝条皮孔和皮表的纹路与砧木相近而与接穗品种差异较大（图1-12）。

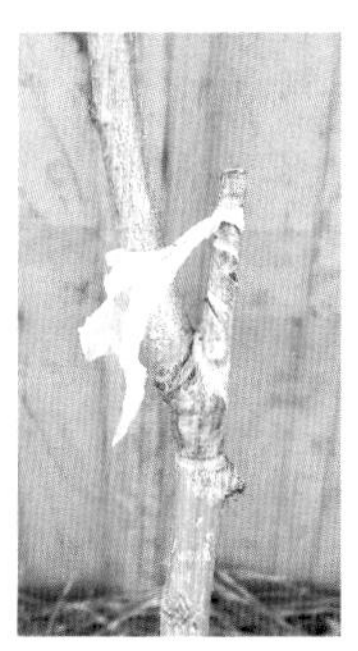

图1-12 嫁接未成活桃苗

（2）剪砧、除萌不合理的桃苗。第一类桃苗是嫁接后接穗成活并生长正常，但从砧木发出的枝条未及时除去（图1-13），形成一真一假两个“接穗”。此类桃苗需要根据枝条皮色和嫁接口位置判断真假，一般可去除嫁接带后观察嫁接口的具体位置，将从嫁接部位发出的接穗枝条保留，剪除从砧木发出的枝条。第二类桃苗为接穗成活后，从砧木发出的枝条未及时剪除而形成长势比接穗品种更粗壮的枝条（图1-14），从而导致接穗品种生长较弱。此类桃苗在分拣时需要剪除由砧木发出的枝条。第三类桃苗为接穗成活后，由于工人操作不当误将接穗品种枝条剪除（图1-15），而从砧木发出的新梢迅速生长成为“桃苗”，此类桃苗是容易混入商品苗中的假苗。

图1-13　砧木萌发枝条未及时除去的桃苗

图1-14　砧木萌发枝条比品种枝条强势的桃苗

图 1-15　品种接穗被误当砧木萌条剪除的桃苗

（3）机械损伤桃苗。起苗操作不当容易出现碰伤桃苗主干树皮、沿根茎处切断桃苗或起苗时留根太少的情况。近年来一些育苗公司或者大户开始使用机械起苗，若起苗机械操作失误同样会损伤桃苗，在购苗过程中需要仔细检查。

（4）带病虫的桃苗。分拣和包装目前都是人工操作。当分拣桃苗数量较多时，难免出现将有病虫的桃苗混入商品苗中的现象。在建园定植前需要认真检查桃苗是否带病虫，其中桃苗最常见的病虫害是根瘤病和根结线虫，此类桃苗在定植前要移出桃园销毁。

 选择优良砧木品种应注意什么问题?

砧木是桃树生产的基础，是桃产业可持续发展的前提和保障。世界各国主要以桃实生苗作砧木，随着桃产业高质量发展需求的提高，桃砧木面临的问题也越来越显现。

（1）应用种类选择。桃树砧木种类较多，毛桃、山桃、甘肃桃、陕甘山桃、光核桃、新疆桃、扁桃、李、杏、毛樱桃和欧李等均可作桃树的砧木（姜林等，2013）。生产上的桃树砧木主要用毛桃和山桃，少数地区也有用甘肃桃和陕甘山桃。杏、李、毛樱桃和欧李作桃树的砧木或矮化砧木，主要用作盆栽和设施栽培，数量极少。

（2）应用区域选择。毛桃应用最为广泛，在山东、河北、山西、陕西、河南、甘肃、湖北、湖南、安徽、江苏、浙江、福建、贵州、四川、云南、广东、江西、新疆均有应用；山桃次之，在辽宁、吉林、山东、山西、陕西、河南、甘肃、河北、新疆应用；甘肃桃和陕甘山桃主要在陕西、甘肃、四川北部应用；新疆桃和扁桃在新疆应用。

（3）应用方式选择。我国生产上应用的桃砧木，主要是毛桃、山桃、甘肃桃和陕甘山桃的种子播种苗，几乎全部为实生砧木。国内有少数单位进行了GF677和Damas1869等的组培繁殖和扦插繁殖，但数量较少，尚未在生产上应用。尚未调查到有压条繁殖桃砧木的。

目前育苗用的砧木种子，价格便宜，育苗简单，但育出苗的整齐度差，适应性不一。这样的苗木难以建立标准化果园、实行规范化管理。能保持优良性状的无性系砧木，能解决上述问题，是发展的方向。

目前生产上常用的优良普通桃品种有哪些？

科研单位是我国桃新品种培育的主力，培育出大量新品种，使得我国成为桃自主化品种较多的国家。目前我国桃品种已非常丰富，同时各地受气候条件和消费习惯等因素的影响，不同主产区的主栽品种差异也较大，以江苏为例，苏北桃产区以早中熟桃品种为主，苏南桃产区以中晚熟品种为主，但各地间稍有差异。品种方面，太湖周边的无锡、苏州、常州等地主栽培品种多为传统白肉水蜜桃，如湖景蜜露、白凤、晚湖景、红花、朝晖、雨花露、银花露、霞晖5号、霞晖6号、霞晖8号等；苏北产区中，冷棚等设施内的主要普通桃品种为春蜜、春美、黄金蜜1号、金陵黄露、锦香等。苏北露地栽培面积较大普通桃品种主要有白凤、春美、中桃5号、霞脆、沙红、金陵黄露、锦绣、锦香、映霜红等品种。

整体来看，江苏省桃产区，特别是苏北和苏中桃产区近年来总体发展较多的为早熟和黄肉普通桃品种，映霜红等极晚熟品种2014年以来曾出现过快速发展的阶段，但由于裂果较重等原因，该类品种目前栽培面积正在逐步缩减（表1-1）。

表 1-1　江苏省广泛使用的优良普通桃品种

品种	花粉有无	平均单果重 / 克	果肉颜色	肉质	粘离核	果实发育期 / 天	育成或引进单位
湖景蜜露	有	227	白	硬溶	粘核	120	江苏无锡阳山地方品种
白凤	有	128	白	软溶	粘核	102	日本神奈川农业试验场
晚湖景	有	200	白	硬溶	粘核	133	江苏无锡阳山地方品种
沙红桃	无	186	白	硬溶	粘核	85	陕西省礼泉县沙红桃研究中心
朝晖	无	162	白	硬溶	粘核	101	江苏省农业科学院果树研究所
雨花露	有	125	白	软溶	粘核	79	江苏省农业科学院果树研究所
银花露	无	107	白	软溶	粘核	77	江苏省农业科学院果树研究所
霞晖 5 号	有	160	白	软溶	粘核	95	江苏省农业科学院果树研究所
霞晖 6 号	有	211	白	硬溶	粘核	108	江苏省农业科学院果树研究所
霞晖 8 号	有	246	白	硬溶	粘核	132	江苏省农业科学院果树研究所
霞脆	有	165	白	硬质	粘核	95	江苏省农业科学院果树研究所
春蜜	有	135 ～ 162	白	硬溶	粘核	70	中国农业科学院郑州果树研究所
春美	有	165 ～ 188	白	硬溶	粘核	82	中国农业科学院郑州果树研究所
中桃 5 号	有	263	白	硬溶	粘核	120	中国农业科学院郑州果树研究所
黄金蜜桃 1 号	有	182	黄	硬溶	粘核	80	中国农业科学院郑州果树研究所
黄金蜜桃 3 号	有	258	橙黄	硬溶	粘核	125	中国农业科学院郑州果树研究所
金陵黄露	有	226	黄	硬溶	粘核	92	江苏省农业科学院果树研究所
锦香	无	193	黄	硬溶	粘核	80	上海市农业科学院林木果树研究所
锦绣	有	150	黄	硬溶	粘核	133	上海市农业科学院林木果树研究所

目前生产上常用的优良油桃品种有哪些?

油桃是桃的变种，20世纪70年代之后，我国从欧美等国引进部分油桃品种进行栽培试验与推广，但多数品种风味偏酸，且部分品种存在裂果等适应性问题，在生产上应用不多（马瑞娟等，2000）。之后，我国先后培育出风味以甜为主、适应性较强的油桃品种，如秦光、早红霞、曙光、霞光和瑞光系列等，使油桃栽培逐渐兴起。目前，我国油桃的栽培面积已占到桃栽培总面积的20%以上，并继续保持着旺盛的发展势头。随着中油桃系列、紫金红系列和瑞光系列等品种的育成推广，形成了新一轮的油桃栽培热潮。

以江苏为例，油桃主要分布在苏北产区且以促早设施栽培为主，苏中和苏南产区油桃面积较少，以避雨栽培为主。品种方面，苏北产区中，冷棚等设施内的主要油桃品种为中油桃4号、中油桃9号、中油桃16号、曙光、紫金红1号、紫金红3号等。苏北露地栽培面积较大的油桃品种主要有中油桃4号、中油桃20号、中油桃15号、紫金红1号、紫金红3号等。苏中和苏南避雨栽培的油桃品种主要有紫金红1号、紫金红2号、紫金红3号、沪油018等（表1–2）。

表1–2 江苏省广泛使用的优良油桃品种

品种	花粉有无	平均单果重/克	果肉颜色	肉质	粘离核	果实发育期/天	育成或引进单位
中油桃4号	有	150	黄色	硬溶	粘核	75	中国农业科学院郑州果树研究所
中油桃9号	无	161	白色	硬溶	粘核	70	中国农业科学院郑州果树研究所
中油桃15号	有	163～258	白色	硬质	粘核	80	中国农业科学院郑州果树研究所
中油桃20号	有	210～230	白色	硬质	粘核	110	中国农业科学院郑州果树研究所
曙光	有	113	黄色	硬溶	粘核	65	中国农业科学院郑州果树研究所
紫金红1号	有	125	黄色	硬溶	粘核	80	江苏省农业科学院果树研究所
紫金红3号	有	165	黄色	硬溶	粘核	79～87	江苏省农业科学院果树研究所
沪油018	有	146	黄色	硬溶	粘核	85	上海市农业科学院林木果树研究所

11 油桃为什么容易裂果？

油桃裂果除了与品种特性有关外，还与各种不良外界因子胁迫有关，如与栽培地域、地势、海拔高度、水位高低、年降水量多少与分布情况及管理水平等因素均有关系（马瑞娟等，2012），所以，引起裂果的原因比较复杂。

（1）内部因素。

品种：不同品种裂果程度不尽相同，抗裂能力也存在差异，均是由其自身的遗传特性决定的。调查发现，早熟品种中华光裂果较重，艳光、金山早红等裂果较轻；中晚熟品种如兴津油桃、霞光等裂果较严重。北方品种引入南方以后，由于气候、土壤等相差较大，使得原本在北方不表现裂果的品种，在南方裂果严重（图1-16）。

秦光3号

秦光7号

图1-16　北方品种秦光3号和秦光7号在南方易发生裂果

果皮和果肉组织结构：研究发现，油桃果皮细胞层数少，排列松散，随着果实生长发育，果皮细胞厚度生长变薄的速率增大。越近成熟，果皮抗外压能力越弱，越易裂果。此外，油桃着色期果肉细胞膨大速率与裂果关系密切，果肉细胞膨大速率越高，对果皮细胞产生的膨压增长越快，越易裂果。

内含物比例：桃果实成熟过程中，果肉可溶性糖逐渐积累而降低了渗透势，造成果肉吸收水分的速度增加，从而增加果肉膨压，如遇降雨，水分吸收更多，使果皮胀裂，同时降雨使果面温度下降，温度的骤冷骤热变化也易导致裂果。

（2）外部因素。

气象因子：通过多年来的观察研究，降水量不均衡与裂果的关系密切，如久旱骤雨，旱后多雨或连阴雨，根系吸收水分进入果实的数量增加，导致果肉细胞发生猛长造成裂果。据观察，特别在硬核初期、果实膨大初期，若遇连阴雨，裂果则严重，因此，油桃在果实生育期水分保持均衡稳定状态为宜。

土壤条件：凡土壤孔隙度大，容重小的地块适合油桃生长，表现为树势强健，裂果轻。此外，山坡地种植油桃较平地裂果轻，可能是坡地不易积水的缘故。另外，黏重土壤较沙壤土裂果重，这是黏重土壤根系通气性差，营养不良所致。另外，土壤偏施氮肥和少施磷肥和钙肥等也会造成树体营养元素失调，进而影响果实品质，导致裂果。

栽培措施：栽培措施如疏果、修剪、病虫害防治等技术使用不当也易导致裂果。疏果时所留树冠外围向阳面、朝天的果实易开裂，粗壮枝上的果实易裂。修剪过重、树体伤口多、果实生长发育后期至成熟前不及时疏除背上枝都可使裂果率上升。病虫害也易引起裂果，如桃疮痂病的病斑多发生在果梗附近危害果皮，形成的黑色小圆斑在发病后期若形成龟裂，很容易造成裂果。细菌性病害如穿孔病可使果实形成褐色病斑，凹陷，开裂。此外，药物防治病虫害时用药不当也易引起药害裂果。

12 防止油桃裂果的技术措施有哪些？

（1）选择适宜品种。按照适地适栽原则，南方地区应根据当地的气候条件，尽量选择能避开雨季成熟的品种，如种植雨季来临之前就采收结束的早熟品种，更好地保证优质果的产出，提高商品价值，增加经济效益。

（2）加强树势，合理负载。生产调查表明，负载量大的树体裂果率高。生产上桃多采用三主枝自然开心形、两主枝Y形或主干形等方式，在树体管理中应及时疏除树冠内膛背上直立旺枝，确保树体通风透光，并保持树势中庸，及时疏花疏果，根据叶果比、枝果比等合理负载，以控制树势，降低裂果率。

（3）合理建园和灌溉。桃是浅根性植物，耐涝性较其他果树种类差。建园地块若土壤黏重，易造成根系呼吸不畅。因此，在建园时尽量选择地势高、透水性好的沙质土壤，对黏重的土壤应注意土壤改良，增施有机肥，平原地区推荐起垄栽培，同时还应注意土壤水分的调节，尤其是果实成熟前适当控制水分供应，有条件的地区可以在雨季到来之前、果实近成熟时行间开浅沟、行内树冠下铺设地膜，减少水分直接进入根系，防止土壤水分急剧变化导致裂果。

（4）果实套袋。桃果实套袋可有效改善油桃外观，避免强光、雨水和病虫危害，提高商品价值和市场竞争力。套袋前先疏果、定果，然后喷一次杀虫杀菌剂。套袋试验表明，单层袋和双层袋都可明显降低桃裂果率，增加果皮亮度，提高优质果率。

（5）增施有机肥。在桃生产上应避免偏施铵态氮肥，应增施有机肥和粪肥，同时注意深翻土壤，配合氮、磷、钾复合肥和微量元素肥料的施用。另外，对疏果后的油桃果实喷布外源钙，然后进行常规套袋，能够降低裂果率，延长货架期。

（6）避雨栽培。桃避雨栽培技术可有效避免在多雨季节造成油桃裂果、落果情况的发生，提高桃的质量和产量，从而提高果农的经济效益，但是避雨设施前期投资成本较大。

13 目前生产上常用的优良蟠桃品种有哪些？

近年来蟠桃在国内外市场走俏，且越来越表现出特色水果的市场潜力。目前，国内桃育种单位选育出了一系列蟠桃新品种。蟠桃育种的最初目标为成熟期配套、味甜、果大、丰产。经过20多年的努力，北京市农林科学院、江苏省农业科学院、中国农业科学院郑州果树研究所等桃育种单位已经育成了一批目前在生产上广泛应用的蟠桃品种（表1-3），基本上实现了味甜、果大、丰产的目标，从果实成熟期来看，我国露地桃在江苏地区的成熟期是从5月底到9月底，育成蟠桃品种已经基本实现了成熟期的配套。

其中，瑞蟠系列蟠桃在北方地区应用比较广泛，黄河中下游及黄淮流域为中蟠系列蟠桃的适宜栽培区，包括山东、河北、安徽北部、江苏北部、河南中北部、山西运城、陕西渭南、甘肃中东部、新疆南疆等地区。南方夏季多雨地区，蟠桃品种裂果较重。江苏省农业科学院引进以及育成的银河和玉霞蟠桃在长江流域桃产区适应性良好，有进一步向全国推广的潜力（表1-3）。

表1-3　我国生产中常用的优良蟠桃品种

品种	花粉有无	平均单果重/克	果肉颜色	肉质	粘离核	果实发育/天	育成或引进单位
早露蟠桃	有	103.0	白	硬溶	粘核	63	北京市农林科学院林果所
瑞蟠13号	有	133.0	白	硬溶	粘核	78	北京市农林科学院林果所

（续）

品种	花粉有无	平均单果重/克	果肉颜色	肉质	粘离核	果实发育/天	育成或引进单位
瑞蟠14号	有	137.0	白	硬溶	粘核	87	北京市农林科学院林果所
瑞蟠19号	有	160.6	白	硬溶	粘核	119	北京市农林科学院林果所
瑞蟠21号	有	235.6	白	硬溶	粘核	166	北京市农林科学院林果所
中蟠桃10号	有	180	白	硬溶	粘核	85	中国农业科学院郑州果树研究所
中蟠桃11号	有	240	橙黄	硬溶	粘核	120	中国农业科学院郑州果树研究所
中蟠桃13号	有	180	橙黄	硬溶	粘核	95	中国农业科学院郑州果树研究所
中蟠桃15号	有	200	橙黄	硬溶	离核	120	中国农业科学院郑州果树研究所
银河	有	173	白	硬溶	粘核	110	江苏省农业科学院果树研究所
玉霞蟠桃	有	174	白	硬溶	粘核	120	江苏省农业科学院果树研究所

14 种植蟠桃品种时应注意什么问题？

（1）选择适宜的栽培区域。我国南北方气候差异明显，蟠桃品种在不同地区表现差异较大。北方育成的许多蟠桃品种在淮河以南种植后会出现裂果重、坐果率低等问题。而如中蟠桃11号和中蟠17号等品种在河北秦皇岛等北方地区有冻害情况发生（王力荣，2020）。因此，引种蟠桃时尤其要考虑品种适应性，选择与品种选育单位所在地气候环境相近的区域种植可有效降低风险。

（2）平衡肥水，降低裂果率。在蟠桃果实硬核期不能大水漫灌和施用冲施肥。最好在硬核期后果实成熟前30～40天加施腐熟的饼肥。有条件的地方进行滴灌；不能滴灌的可小水勤浇，使土壤保持相对恒定的湿度，避免过旱时大水漫灌。

（3）合理负载、延迟疏果。修剪以留中长果枝为主，要适当多留花；疏果不宜过早，在裂核现象表现后疏除裂果，再定果。要合理负载，产量过高，减弱树势，增加果实裂皮概率；产量过低，树势偏旺，果实大，容易裂核。因此要尽量保持树势中庸、健壮。

（4）套袋栽培。套袋可改善果面外观，避免果面直接与农药接触，可提高安全性。套袋或不套袋，要根据品种的特点，极早熟或早熟的裂果轻品种可不套袋；中晚熟品种最好套袋；还要根据市场定位，高端定位建议套袋。

（5）适时采收。肉质一般的品种，如中蟠13号和中蟠17号等，不能规模化发展，只能作为成熟期配套品种，且应在八成熟时采收；肉质好的品种，如中蟠桃11号、银河、玉霞蟠桃，可在八九成熟时采收，风味品质更好。蟠桃果柄短、粗壮，采摘时可先轻轻转动果实，然后再采摘。离核品种易发生采前落果现象，采摘时易撕皮，更要小心采摘，如中蟠15号和中蟠19号。

（6）设施栽培。有条件的地区可以选择通过设施栽培提高蟠桃外观品质和商品果率，北方地区建议选择早熟蟠桃品种进行促早栽培，南方多雨地区可以选择避雨设施栽培鲜食品质好和对雨水比较敏感的蟠桃品种。

15 目前生产上常用的优良油蟠桃品种有哪些？

油蟠桃兼具油桃、蟠桃的特点，光滑无毛、色泽艳丽、果形独特，食用更方便，但长期以来，我国油蟠桃品种数目极少。20世纪90年代之后国内先后育成了NF9260、郑油蟠1号、瑞油蟠1号、春江红等品种（品系），但普遍由于产量低，裂果重等问题未能有效推广。进入21世纪后，经过各育种单位努力攻关，选育出多个品质优良、与其他品种形成成熟期配套的油蟠桃品种，满足了当前市场的需求。

由于油蟠桃属于比较新的桃类型，而且栽培管理的要求相对比较高，目前在生产中得到应用的油蟠桃品种并不是太多，主要有中油蟠5号、中油蟠7号、中油蟠9号、中油蟠36-3、金霞油蟠、金霞早油蟠、风味皇后等（表1-4）。

表1-4　我国生产中开始广泛使用的优良油蟠桃品种

品种	花粉有无	平均单果重／克	果肉颜色	肉质	粘离核	果实发育期／天	育成或引进单位
中油蟠5号	有	130	黄色	硬溶	粘核	85～90	中国农业科学院郑州果树研究所
中油蟠7号	有	250	黄色	硬溶	粘核	115	中国农业科学院郑州果树研究所
中油蟠9号	有	200	黄色	不溶质	粘核	100	中国农业科学院郑州果树研究所
中油蟠36-3	有	86～124	乳白色	硬溶	粘核	72	中国农业科学院郑州果树研究所

（续）

品种	花粉有无	平均单果重 / 克	果肉颜色	肉质	粘离核	果实发育期 / 天	育成或引进单位
金霞油蟠	有	150	黄色	硬溶	粘核	114	江苏省农业科学院果树研究所
金霞早油蟠	有	120	黄色	硬溶	粘核	85	江苏省农业科学院果树研究所
风味皇后	有	125	黄色	硬溶	粘核	90	中国农业科学院郑州果树研究所

16 加工桃品种有哪些基本要求?

不同的桃果实类型，具有不同的用途。在国外，用于罐藏和加工成果汁饮料的主要为黄肉不溶质粘核类品种，而溶质品种主要供鲜食。我国市场的桃加工制品以罐头为主，其次为浓缩桃浆（汁）、速冻桃、桃蜜饯、脱水桃干等。不同的桃加工品，对原料品质的需求不同。

（1）制罐桃。桃罐头是桃加工的第一大产品，制罐用桃主要为黄桃，20世纪60年代，我国初步明确了黄肉、不溶质、粘核为罐桃品种的基本要求（俞明亮等，2019）。除此之外，以下特性也是判断罐桃品种是否优秀的指标：

成熟期：成熟期是制罐品种果实重要的经济性状，果实成熟期提前和推后，有利于延长罐藏黄桃的加工季节。

果实大小和形状：制罐品种果实大小影响加工成品的质量。罐藏品种要求果实横径在5.5厘米以上。果形要求圆正匀称。

果肉颜色：加工企业普遍要求罐藏品种果肉不着红色，近核处亦应尽量无红或少红色（图1-17，表1-5）。

图 1-17 常见加工黄桃

表 1–5 罐制黄桃等级划分

项目名称	等级		
	一等	二等	三等
果实大小/克	150 ～ 250	120 ～ 150	90 ～ 120
肉质	不溶质	不溶质	不溶质或硬溶质
肉色	黄色，色卡6以上	黄色，色卡5以上	黄色，色卡5以上
红色素	无	＜1/4	1/4 ～ 2/4
粘离核	粘核	粘核	粘核或离核
可溶性固形物/%	≥10	9 ～ 10	8 ～ 9
糖酸比	15 ～ 20：1	13 ～ 15：1	10 ～ 13：1

注：罐制黄桃等级划分标准摘自《中国桃遗传资源》。

（2）制汁桃。桃浆（汁）加工以中晚熟白肉桃品种为主，目前我国的制浆、制汁技术，如冷破碎、冷打浆、热杀菌、低温无菌灌装技术等已较为成熟，但尚缺乏低褐变度、低酸度和风味浓郁的制汁加工专用桃品种（图1–18）。

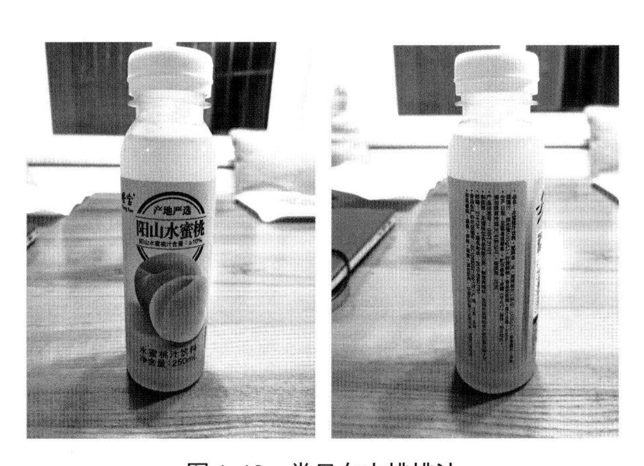

图 1–18 常见白肉桃桃汁

17 目前生产上常用的优良制罐桃品种有哪些？

我国自1966年开始罐桃品种的改良研究，经过几十年协作攻关，至今共选育出多个罐桃品种。“六五”期间育成的金旭、金晖、浙金2号、浙金3号、郑黄3号、郑黄4号、燕丰、菊黄、桂黄等分别适于南、北方的罐藏黄桃新品种，使加工期从原来的20 天 延长至50天，对罐桃产业起到了不可估量的推动作用。

经过新品种的选育和推广，目前我国栽培面积较大的品种有金童5号、罐桃5号、黄金冠、NJC83、金皇后等。其中江苏省加工黄桃主要分布在连云港和丰县等产区，主要品种为黄金冠、金皇后和NJC83（表1–6，图1–19）。

表1–6　江苏省常用的加工黄桃品种

品种	花粉有无	平均单果重/克	果肉颜色	肉质	粘离核	果实发育期/天	育成或引进单位
金皇后	有	100	黄	不溶质	粘核	153	新西兰
金露	有	144	橙黄	不溶质	粘核	116	中国辽宁大连
金童5号	有	178	橙黄	不溶质	粘核	122	美国
金童6号	有	144	黄	不溶质	粘核	126	美国
金童9号	有	147	黄	不溶质	粘核	144	美国
黄金冠	有	167	黄	不溶质	粘核	100～110	中国山东聊城
罐桃5号	有	150	橙黄	不溶质	粘核	120	日本
NJC83	有	141.2	黄	不溶质	粘核	90	中国安徽合肥

金旭　　罐桃5号

图1–19　常见加工黄桃品种

 保护地促早栽培品种有哪些特殊要求？

目前我国促早栽培桃主要集中在辽宁省大连市普兰店区，河北省乐亭县和昌黎县，山东省莱西市和冠县，安徽省砀山县，江苏省丰县（王召元等，2010）。桃树露地栽培时，果实成熟期的早晚取决于果实发育期。而桃树温室促早栽培时，果实成熟期除了取决于果实发育期外，还与品种的需冷量、设施温度环境等其他因素息息相关。因此，想要通过促早设施栽培桃取得成功，在品种选择时需要注意以下几个问题（王力荣，2011）：

（1）品种成熟期要早。温棚栽培原则上应在本地和南方地区的露地桃上市之前成熟，才能有明显的反季节优势，温棚桃在3月底至5月上旬成熟，补充此时"贮果"与露地"鲜果"之间的淡季市场，取得良好的社会效益和经济效益。果实发育期一般应该小于90天。

（2）品种需冷量要少。果树落叶后进入自然休眠状态，只有满足一定的低温量，解除休眠后才能正常萌芽开花。品种的需冷量越短，通过休眠的时间越短，可升温的时间也相应提早，比露地的果实成熟期提早的时间就越长，所以进行温棚栽培要尽可能选择需冷量少的品种。在中原地区，要选择需冷量小于等于700小时的品种。

（3）品种综合性状优良。要选择果大、味浓、色艳、丰产的优良品种。但不同地区根据气候、市场不同要有所侧重。如黄淮地区以早熟品种为主，而北方地区可考虑果实的大小、风味、贮运性等品质因素，利用能较早结束休眠的有利条件，规模性发展。

（4）合理配置授粉树。温棚栽培几乎没有昆虫传粉，棚内相对湿度较高，要尽可能选择花粉量大，自花授粉坐果率高的品种，并注意配好授粉树。人工授粉时一般比例为1：（3～8）。授粉品种最好与主栽品种需冷量相同或略短，花粉量大。采用昆虫授粉时（如壁蜂）出蛰期要与开花期吻合。主栽品种与授粉品种的比例宜在（3～4）：1，无花粉、坐果率低的品种授粉品种的比例提高至（1～2）：1。

19 目前生产上常用的优良保护地栽培品种有哪些?

设施促早栽培即利用日光温室、塑料大棚等保护设施，创造桃适宜的生长发育条件，实现桃果实提前成熟，满足消费者对早春、初夏果品淡季鲜果供应的需求，创造较高的经济效益，从而实现高产、优质、高效。北方产区日温差大，干燥少雨，发展设施栽培的生态环境优越。

不同桃、油桃品种在设施中的表现明显不同，适合设施栽培的桃品种除了应具有早熟、自花结实率高、丰产、综合经济性状优良、需冷量低等特点之外，还需要具有树势中庸、树形紧凑或矮化、耐湿、耐弱光等性状。目前，我国设施栽培的桃品种基本上是从现有的露地栽培品种中选择出来的，专用的保护地品种很少。生产上常用的优良保护地栽培品种中，普通桃品种有春艳、春美、春雪、春蜜、金陵黄露、黄金蜜1号、沙子早生和早凤王；油桃品种有曙光、中油4号、中油5号、中油9号、中油11号、中农金辉、紫金红1号、紫金红3号和早红2号等；蟠桃品种有早露蟠桃、瑞蟠13号和瑞蟠14号等；油蟠桃品种有油蟠桃36–3和金霞早油蟠。

20 优良观赏桃品种有哪些?

随着经济的发展和人民生活水平的提高，休闲经济将更加活跃，观光农业成为新的时尚。许多休闲场所都能看到桃花的身影，特别是近年来各地如无锡惠山区、上海南汇区、兰州安宁堡、成都龙泉驿等地举办的桃花节，取得了良好的社会效益和经济效益。依据观赏部位的不同，观赏桃分为观花桃、观叶桃、观枝（形）桃、观果桃等类型。

（1）观花桃品种。观花桃的花色以红、白、粉为主，还有少数杂色类（五宝和洒红桃），腋花单生或丛生，花型从单瓣型（盘状、碟状）到重瓣型（梅花型、月季型、牡丹型和菊花型）变化，盛开时新叶尚未展开，枝条上已缀满花朵，极具观赏性。主要包括白花桃、白碧桃、紫叶桃、垂枝桃、寿星桃、红花碧桃与洒金碧桃7个变种（图1–20）。

图 1-20　观赏桃的不同花色

（2）观叶桃品种。生产中有许多早熟桃品种如早美、春蕾等，在果实采收前叶色浓绿，夏季果实采收后从基部叶片开始出现花色素苷的大量积累，叶片从叶柄、主脉开始沿叶脉逐渐变为紫红色；红叶桃品种，如筑波5号、洛格红叶等呈相反的变色现象。还有杂色叶片品种，如江苏省农业科学院园艺研究所育成的金陵锦桃，初春叶片呈现绿色、紫红色嵌合的现象。

（3）观枝（形）桃品种。许多桃品种的枝干、树形本身具有很高的观赏价值。主要包括寿星桃、短枝型桃、垂枝桃、帚形桃、柱形桃等类型（图1-21、图1-22），其中寿星桃品种有狭叶寿红、亮粉寿星、大花寿红等；短枝型桃品种有超红短枝；垂枝桃品种有红垂枝五宝、红雨垂枝、含笑垂枝等；帚形桃有照手红、照手白、科林斯玫瑰等。另外，柱形桃的树形呈圆柱状，挺拔向上，适宜在通道绿化中应用。

图 1-21　垂　枝

图 1-22　寿星桃

第二章

桃树主要病害如何防治

21 桃褐腐病如何识别和防治?

(1)桃褐腐病的识别。桃褐腐病又称菌核病、果腐病等，主要危害果实，果实自幼果期至成熟期均可受害，越接近成熟期受害越重，造成腐烂（纪兆林等，2019）。生产中最常见的大多在生长后期引起果腐。受害果实形成褐色、近圆形病斑，可扩展至果实大部或全果，果肉变褐软腐，病部表面产生轮纹状、灰褐色霉层（病菌分生孢子），最后病果腐烂脱落或干缩成僵果挂在枝上。也可危害花、叶及枝梢（图2-1）。另外在贮运期常引致果实腐烂，使果实丧失商品价值。该病国内外桃产区均有发生。果实后期遇多雨潮湿天气和田间湿度大时，发病较重。

图 2-1 桃褐腐病危害状

(2)影响褐腐病发生的因素。

温度和水分：温湿度是影响褐腐病发生和侵染的主要因素，发生部位保持潮湿的持续时间起决定性作用，温度则影响发生和侵染进程的速率（李世访和陈策，2009）。桃果成熟采收前2～3周病害快速增长与此期间雨水增多密切相关。

伤口：果实害虫特别是桃蛀螟、蜗牛、鸟害和机械损伤等是影响褐腐病发生和流行的重要因素。一般虫害、鸟害重的桃园褐腐病发生也重。

（3）桃褐腐病的防治措施。

清洁果园：结合修剪做好清园工作，及时清除树上和地面病果、病枝，将病残体深埋或烧毁，减少田间菌源。

健康栽培：控制桃树种植密度和树冠，使树体通风透光；健全排水系统，及时去除田间积水；及时套袋，防御病菌侵入；防治果实害虫，减少伤口，以免病菌感染。

适期用药：桃树发芽前喷施杀菌剂，可有效铲除越冬病菌或抑制产孢，压低病原菌的密度，与生长期防治相配合，可明显比单在生长期防治的效果好。落花后喷施1～2次腐霉利或嘧霉胺（嘧菌环胺）、腈菌唑等，每次间隔10天左右。果实中后期，根据降水情况，继续使用上述药剂或者交替使用吡唑嘧菌酯、咪鲜胺、戊唑醇、苯醚甲环唑等药剂防治。关键是果实套袋前用药1～2次，将药液尽可能喷到果面。

22 桃流胶病如何识别和防治？

（1）桃流胶病的识别。桃树流胶病是由病菌侵染及不良生理因素引起的一类病害，主要危害桃树主干和主枝，通常开始在皮孔或伤口处形成褐色病斑，后病斑扩展和联合引致树皮腐烂、流胶（图2-2），造成树势衰弱，严重时枝干枯死。果实上的流胶也偶见发生。在我国主要发生在长江以南的高温高湿地区，一般果园发病率为30%～40%，重茬或管理粗放的果园则可达90%左右（马瑞娟等，2002）。

非侵染性流胶病：属于生理性病害，常在雨季发病，主要见于三年生以上大树，幼树发病较轻，初期病部凸起，成泡状，皮层下分泌黄色树胶，后期树皮开裂，流胶处树皮变褐，皮层腐烂粗糙。随着流胶量增加，树体营养物质流失，树势衰弱，枝条或整株枯死（叶正文等，2020）。生产中常见的流胶病多数是此类。

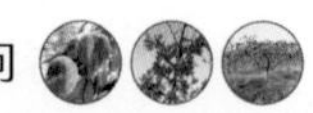

图 2-2　桃流胶病危害状

侵染性流胶病：主要是真菌性病害，危害主干、主枝、侧枝和果实。病原菌从皮孔或伤口处入侵，一年生枝条以皮孔为中心产生小突起，分生孢子器附生在病斑表面，侵染当年不发病，但会借助雨水传播。翌年5月突起部位开裂，病斑扩大，流出透明胶体，风干后形成褐色硬质胶块。发病严重的部位反复流胶，皮层和木质部变褐坏死，形成溃疡，死皮层散生小黑点，为分生孢子器。

（2）影响流胶病发生的因素。

不合理的栽培方式：重茬地栽植、除草剂使用不当、多效唑使用不当、桃园积水、夏季长时间干旱、夏季修剪过重、冬剪伤口过大、阴雨天修剪、桃树负载量过大等不合理的栽培方式是造成流胶的重要原因（图2–3至图2–6）。

图 2-3　降雨修剪流胶

图 2-4　干旱流胶

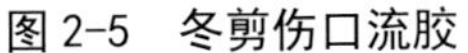

图 2-5　冬剪伤口流胶

图 2-6　使用草甘膦流胶

品种抗性：目前还未发现真正的流胶病抗性品种，但不同桃品种及品种类群对流胶病的抗性存在差异。目前发现鹰嘴桃（Okie等，1983），天津水蜜、白沙、皱叶黄露、大红花、早甜桃、金山水蜜、上山大玉露、大久保（赵密珍等，1996），霞晖5号、大红袍、鄂桃1号（杨文，2013），东溪小仙（张慧琴等，2014）等品种对流胶病具有不同程度的抗性。同时发现春雪易感流胶病。

桃树枝条皮孔特征：皮孔是流胶病病菌的主要入侵途径之一。桃树流胶病发病等级与皮孔密度及长度存在显著关系，枝龄越大，皮孔密度越高，病情指数越高。而皮孔长度与之呈负相关。这是因为抗流胶病较强的品种单位面积皮孔数量少、皮孔较小，皮孔处的补充细胞层数多且排列紧密，阻碍了病菌的侵入和扩展（俞明亮等，2001）。

（3）桃流胶病的防治措施。

加强果园管理：在高温高湿地区要起垄建园，改善果园排水设施，增施有机肥，提高土壤肥力，培养健壮树势。除草剂会加重桃树流胶病的发生，因此要禁止草甘膦等除草剂的使用（郭磊等，2017）。冬季需及时清园，将坏死枝条移出桃园，刮除胶块及下部腐烂皮层，消除菌源。另外要将树干涂白、防治病虫害、冻伤和日灼的发生。

化学防治：目前，已有多种化学杀菌剂用于桃流胶病防治，但至今未发现特效药剂。发芽前喷5波美度石硫合剂或50%退菌特可湿性粉剂（陈彦等，2011），流胶病发病高峰期前喷施70%代森锰锌、克菌丹、1.5%多抗霉素等（叶晓云，2005），均可有效缓解流胶病。另外，多抗霉素、申嗪霉素与丙环唑、多菌灵和咪鲜胺3种化学农药复配对防治流胶病均有一定的增效作用（高汝佳等，2016）。

23 桃疮痂病如何识别和防治?

（1）桃疮痂病的识别。疮痂病又称黑星病等，可侵害桃、杏、李、梅等，主要危害果实，多在果肩部产生圆形、黑褐色小斑点（2～3毫米），严重时斑点可聚合连片；病斑仅限于果皮，不深入果肉，可龟裂，果实一般不腐烂。病斑表面可生黑色小粒点（病菌分生孢子丛）（图2-7）。也可危害叶片和枝梢。枝梢受害后表面发生紫褐色长圆形斑点，后期变为黑褐色稍隆起；叶片被害出现不规则或多角形灰绿色病斑，后期病斑转暗色或紫红色，发病严重时引起落叶。该病国内外桃产区均可发生。

图2-7 桃疮痂病危害状

（2）影响疮痂病发生的因素。

温度、湿度：温暖、雨水频繁，如5—6月雨水多的年份，有利于病菌入侵和繁殖，7—8月则发生严重，造成病害大发生。在北方桃产区，果实发病时期从6月开始，7—8月发病最多；南方桃产区，5—6月即进入发病盛期（王召元，2014）。此外，前一年夏季的降水量与第二年的病害发生也存在着密切关系，发生疮痂病的桃园，如果当年7—8月降水量较大，则翌年此病害发生较为严重。

品种抗性：早熟品种发病轻，晚熟品种发病重，已知天津水蜜桃、肥城桃少有发病（姜全，2016）；京玉、京燕、八月脆、久保、中华寿桃、上海水蜜等品种发病重（杨海清等，2012）。

栽培措施：果园低洼积水，排水不良；土壤有机质含量低，黏性重，通气性差；树冠郁蔽，枝叶过旺，透光度差；偏施氮肥或氮肥过量，造成枝梢旺发而徒长，以上情况都会导致疮痂病发生严重。

（3）桃疮痂病的防治措施。

加强栽培管理：清除病果、病枝，将病残体深埋或烧毁，减少田间菌源。选择适当密度和树形，改善通风透光条件。加强管理，雨后及时排水，加强树冠内膛修剪，做到通风透光，降低果园湿度，减轻发病程度。6月上旬之前成熟的品种可不套袋，6月中旬及以后成熟的品种最好套袋，套袋前2～3天全园喷施杀菌杀虫剂，打药后、套袋前，如遇雨水需补打1次药。

化学防治：春季萌芽前，喷3～5波美度石硫合剂杀灭越冬病菌。谢花后至套袋前是防治桃疮痂病的最佳时期，其中，防效较好的治疗剂为三唑类产品，如苯醚甲环唑、腈菌唑、氟硅唑等；其次是特谱唑（禾果利、烯唑醇）等。甲基托布津、多菌灵等农药防效甚微（王召元等，2014）。防治时，要避免同种农药连续重复使用。谢花后就需要开始喷施药剂，一般间隔10～15天喷1次，春季、初夏多雨时应增加用药次数。

24　桃炭疽病如何识别和防治？

（1）桃炭疽病的识别。桃炭疽病主要危害果实，形成褐色、近圆形凹陷病斑；病部常伴有流胶，潮湿条件下产生许多橘红色小粒点。通常幼果发病后会干枯成僵果挂在枝上，而较大果实受害则多数脱落，形成大量落果。近成熟果实发病时，一般病斑显著凹陷，并伴有同心环状皱缩，多数果实腐烂脱落。天气潮湿时病斑上产生粉红色小粒点（病菌分生孢子盘）（图2-8）。

该病也危害枝梢和叶片，枝梢受害，病斑褐色，梭形或长圆形，稍凹陷，初期偶有少量流胶。天气潮湿时病部有许多橘红色小粒点。当病斑环绕枝条一周时，病斑以上枝条枯死。该病发生期较长，有再次侵染，一般南方桃区发病比北方要早2个月左右，多雨潮湿天气发病较重。

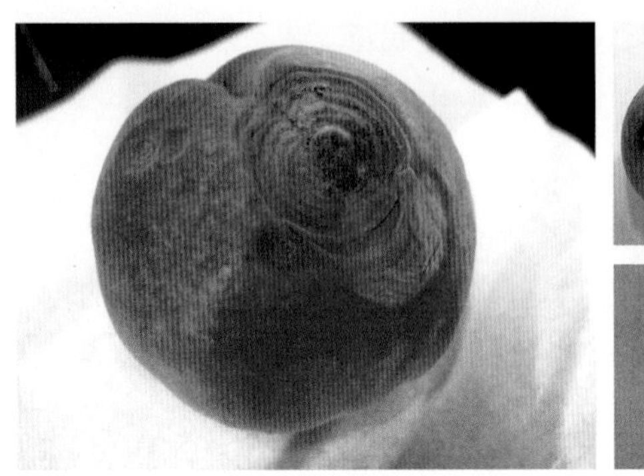

图 2-8　桃炭疽病危害状

（2）影响炭疽病发生的因素。

越冬菌源数量：病菌主要在枯死枝条和枝条病斑内越冬，也可在树上残存的病僵果内越冬。病菌从花后开始不断产生分生孢子而成为侵染源。据观察，桃树内膛枯死枝条未剪除的树，越冬病菌数量大，炭疽病情严重。

天气因素：炭疽病发生与气候条件关系密切，阴雨连绵，天气闷热病害较重，暴雨之后，病害也会偶见暴发。

栽培措施：栽植过密，修剪粗糙，园内郁闭，通风透光差，园内低湿，土壤黏重，排水不良等都利于病菌侵染。

品种抗性：不同品种的抗性有差异，一般早中熟品种发病较重，如早生水蜜、太仓水蜜、金露、早白凤等，而白花、玉露、锦绣等晚熟品种发病较轻（姜全，2016）。

（3）桃炭疽病的防治措施。

清除病枝病果：结合冬剪，剪除病枝、僵果，清除枯枝落叶；结合春剪，在芽萌动后至开花前后剪除初发病的枝梢，对卷叶症状的病枝也及时剪除。所有病枝、病叶、病果集中到果园外销毁。

加强栽培管理：南方低洼地区要做好排水，雨后能及时排除积水，降低果园湿度；选择适当密度和树形，促使通风透光；尽可能套袋，防御病菌侵染。

适期喷药防治：在花前、花后和幼果期及时喷药2～3次，可使用苯醚甲环唑或炭疽福美（发病前用）、咪鲜胺或吡唑醚菌酯等，每次间隔10天左右。果实套袋前喷药1～2次，每次喷药要求细致均匀，果面、枝条表面、叶面都应均匀着药。另外，丙环唑、戊唑醇、木醋液等对炭疽病也都具有较好的防治效果（刘勇等，2014）。

桃细菌性穿孔病如何识别和防治?

（1）桃细菌性穿孔病的识别。桃穿孔病分为细菌性穿孔和真菌性穿孔，我国以细菌性穿孔为主。主要危害叶片、枝条和果实。危害叶片时，多在叶脉两侧产生近圆形、褐色斑点，病斑周围有黄绿色晕圈，后期病斑干枯脱落，形成穿孔，穿孔边缘破碎、不整齐。潮湿时病斑背面溢出黄白色胶状黏液（菌脓）。病害发生严重时，多数病斑互相连合，叶片容易早期脱落（纪兆林等，2019）。

枝梢受害后，引起两种受害症状：上年枝梢夏末秋初被侵染后，春季展叶时，枝条上出现褐色病斑，中部稍凹陷，龟裂而呈溃疡状，病组织内有大量细菌繁殖，引起流胶。春末病斑破裂，黄色的菌脓溢出，成为病害初次侵染的主要来源，这类症状称为春季溃疡；当年抽生的嫩梢夏季被侵染后，最初生淡褐色水渍状斑点，周缘隆起，中央稍凹陷，病斑不易扩展，这类症状称为夏季溃疡。

果实受害，最初出现褐色水渍状小斑，后扩大形成暗紫色病斑，中部稍凹陷，空气湿度大时，病斑分泌黄白色黏质物；干燥时，病斑上或其周围有裂纹（图2-9）。

图 2-9　桃细菌性穿孔病危害状

（2）影响细菌性穿孔病发生的因素。

气候条件：该病发生与气候条件、树势、品种等有关，其中气候条件尤为重要。气温20℃以下，多雨、多雾、高湿病害发生严重，天气干燥则发病较轻。该病一般在5月开始发病，7—8月发病加重，通风透光差、地势低洼、易积水的果园发病严重。

栽培措施：果园地势低洼、排水不良，园内郁闭，通风透光差，土壤瘠薄板结、缺肥或偏施氮肥的桃园，此病较易发生。

品种抗性：品种间以白凤、凤露、玉露、金霞油蟠等品种抗性较差。

（3）桃细菌性穿孔病的防治措施。

清除病枝病叶：清除田间病叶、病枝、病果，将其深埋或烧毁，减少菌源。

加强栽培管理：果园注意排水，排水最好达到雨停水干。增施有机肥，控制氮肥用量。在生长季节，及时夏剪，疏除树冠内的徒长旺枝，改善树体通风透光条件，增强树体的抗病能力。若是促早栽培，在温室扣棚升温后，及时通风换气，在开花前后，严格控制温室内温湿度。

适期喷药防治：首先根据症状和病原判断是细菌性穿孔病还是真菌性穿孔病，以选择使用合适的杀菌剂。如是细菌性穿孔病可在春季桃树发芽前喷4～5波美度石硫合剂，落花后，喷施噻霉酮、四霉素、中生菌素、喹啉铜等，每次间隔10天左右。

26 桃枝枯病如何识别和防治？

（1）桃枝枯病的识别。桃枝枯病又称桃溃疡病、缢缩性溃疡病，主要危害新梢，通常在新梢基部出现褐斑，后环状或向上扩展，致使叶片枯黄、脱落；枝条发病部位一般伴随有流胶产生，随着病情发展使整个枝条当年或第二年枯萎、枯死，幼果随病枝干枯脱落。病枝上后期产生黑褐色小粒点（病菌分生孢子器）（图2-10）。有再次侵染现象。该病在我国江苏、浙江、上海、云南、广西等南方桃区均有发生，但近几年在江浙地区发病较重。

图 2-10　桃枝枯病危害状

（2）影响桃枝枯病发生的因素。

天气因素：该病近年来在苏南地区多有发生，一般在4月下旬开始发病，6—7月为发病高峰。如气温15℃以上33℃以下，遇多雨、潮湿天气，发病明显。

栽培措施：土壤黏重，连年重茬，田间管理粗放，肥力不均，地下害虫严重等田块发病严重。栽植密度高，田间郁闭，通风透光差，排水不畅，地下水位高，偏施氮肥，树势差的田块发病会加重。

品种抗性：品种之间发病差异较大，苏南产区的主栽品种如柳条白凤发病率较高，而湖景蜜露在相同条件下的发病率较低。所有品种都为桃树下部发病率高于上部（纪兆林，2016）。

（3）桃枝枯病的防治措施。

清洁果园：结合冬季修剪，及时彻底清除树上的病枝、病果及地面落果，带离桃园。其次，清理家前屋后堆放的病枝，严重地块连根挖除。最后，统一收集并及时烧毁处理。

喷施石硫合剂：石硫合剂的使用对枝枯病的防治有较好的效果，桃树落叶后结合冬季清园，喷施熬制的石硫合剂，减少枝枯病等越冬病害的侵害。

健康栽培：选择适当的密度和树形，避免田间郁闭；合理施肥，增强树势，提高树体抗病性；及时排除积水，降低田间湿度，防止病菌侵染。

药剂防治：春初露芽后连续施药3次，每次间隔10天左右。施用咪鲜胺、多菌灵或甲基硫菌灵、苯醚甲环唑等。不同药剂根据有效成分含量相应调整。

如果5—6月遇多雨潮湿天气，用上述药剂防治1～2次，以控制再次侵染。另外，在病害严重地区，冬前（落叶后）施药，可减少病菌经叶痕等自然伤口侵入，减轻来年发病程度。

27 桃缩叶病如何识别和防治？

（1）桃缩叶病的识别。桃缩叶病常在早春发生，主要危害幼嫩组织，特别是嫩叶，引起叶片肿胀肥厚、皱缩扭曲、质地变脆，呈红褐色，上生一层灰白色粉状物（病菌子囊层），后期病叶干枯、脱落，严重时影响当年果实产量和次年花芽分化。嫩枝、花和幼果也可受害，花器受害时，花瓣变肥增长，最后多半脱落。幼果被害初期产生微隆起的黄色或红色病斑，随果实膨大渐变为褐色，龟裂易早落。果实膨大后受害病部肿大，茸毛脱落，表面光滑，潮湿环境下病果易腐烂（图2-11、图2-12）。春季若遇低温高湿则易暴发和流行桃缩叶病。

图2-11　桃缩叶病早春危害状

图2-12　桃缩叶病叶片染病后期和果实危害状

（2）影响桃缩叶病发生的因素。

天气因素：缩叶病的发生与早春的气候条件有密切关系。早春桃树萌芽时如气温低，持续时间长，同时湿度又大，则桃树最容易受害。当气温在21℃以上时，病害则发展缓慢。凡是早春低温多雨地区，如江边、湖畔及潮湿地区的桃园，桃缩叶病普遍较重。

栽培措施：田间管理粗放，栽植密度高，田间郁闭，通风透光差的桃园偏重。偏施氮肥，树势差，冬季不清园的桃园发病会加重。

（3）桃缩叶病的防治措施。

摘除病叶：早春发现后在病叶尚未出现银灰色粉状物前及时摘除病叶，并将其深埋或烧毁，减少田间菌源。

增施肥料：增施叶面肥，促使叶片生长，有利恢复树势。

科学栽培：适当调整桃树定植密度和方式，合理修剪以减少果园和树冠湿度。

及时喷药：在叶芽吐绿和花芽露红但未展开前喷药1～2次，间隔7～10天。一般芽后不需要再用药。可喷石硫合剂、咪鲜胺2000～3000倍液、腐霉利1000倍液、苯醚甲环唑2000～3000倍液等。

28 桃白粉病如何识别和防治？

（1）桃白粉病的识别。

桃白粉病主要危害叶片和果实。危害叶片时，病原菌侵染初期，叶片初现近圆形或不定形的白色霉点，后霉点逐渐扩大，发展为白色粉斑，且互相连合为斑块，严重时叶片大部分乃至全部为白粉状物所覆盖，叶面像被撒上一薄层面粉（图2-13）。受害严重时，叶片表面皱缩不平，并带有不规则的淡黄色斑块，整个叶片及部分叶柄扭曲成波浪状，被害叶片退黄，甚至干枯脱落。果实以幼果较易感病，病斑圆形，被覆密集白粉状物，果形不正，常呈歪斜状，失去商品价值。

图 2-13　桃白粉病危害叶片状

（2）影响桃白粉病发生的因素。

气候因素：桃白粉病病菌较耐干旱，在高温、干旱的环境条件下容易发生，尤其是在早春气温较高、降雨相对较多而初夏又高温少雨的年份发病概率会大大增加。一般情况下，气温回升快、早期湿度较大的环境有利于该病的提前发生。

品种抗性：白粉病在山东省枣庄地区，早熟白肉甜油桃容易感病，水蜜桃类品种发病较轻，仲秋红油桃、仓方早生等品种较为抗病（王亮等，2015）。砧木品种间感病也有很大差异，以新疆毛桃抗性较差，发病较重（程洪花，2014）。在一般年份，以幼苗发生较多、较重，大树发病较少，危害较轻。

管理粗放：地势低洼、枝叶量大、土质黏重、粗放管理的桃园容易发生。失管的大棚桃较露地栽培的桃园容易感病。

（3）桃白粉病的防治措施。

彻底清园：初冬季落叶后立即进行清园。无冬季冻害或抽条的地区可以提前进行冬剪，修剪时注意剪除感病枝条并运出桃园。清园时采用5波美度石硫合剂对全树枝干进行淋洗式喷雾，进一步铲除越冬病菌。

加强夏剪：营造桃园通风透光环境，在夏季旺长期要对新枝进行修剪，主要是疏除背上直立枝、无果的下垂枝、病虫危害枝、重叠枝等，以改善桃园光照和通风条件。

药剂防治：发病初期，及时摘除病果。并及时喷施乙醚酚悬浮剂，硫悬浮剂，或50%多菌灵可湿性粉剂，粉锈宁可湿性粉剂，粉锈宁乳油等，均有较好的防治效果。0.3波美度石硫合剂，对白粉病防效也较好，但使用时要注意气温，尤其在夏季气温高时应停用，以免发生药害。

桃锈病如何识别和防治？

（1）桃锈病的识别。桃锈病是桃树叶上的真菌病害，初秋常发生，严重时可引起早期落叶。危害叶片时，叶背出现小圆形褐色疱疹状斑点，稍隆起，破裂后散出黄褐色粉末（图2-14）。在病斑相应的叶正面，发生红黄色、周缘不明显的病斑。后期在叶背褐色斑点间，出现深栗色或黑褐色斑点。严重时，叶片常枯黄脱落。危害枝干时，新梢会产生淡褐色病斑。危害果实初期，果实病斑成褐色至浓褐色，椭圆形，大小3～7毫米。病斑中央部稍凹陷，之后病斑向果肉内部纵深发展，并出现深的裂纹。

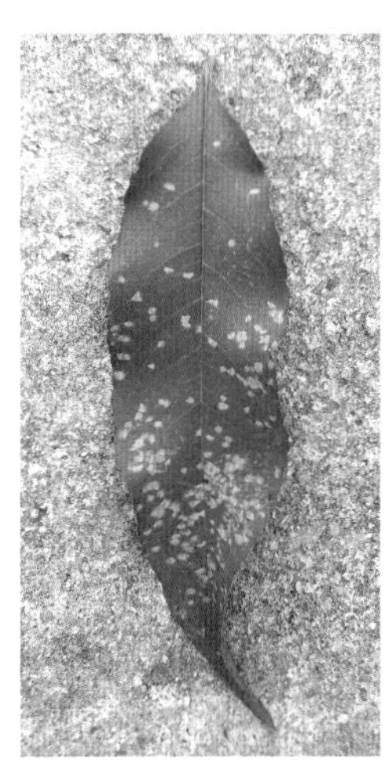
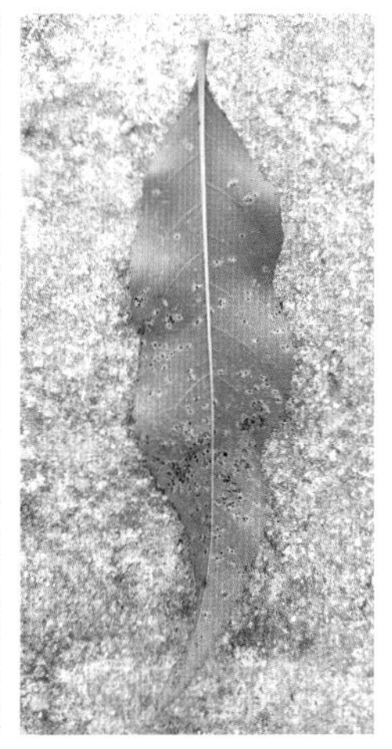

图2-14　桃锈病叶片危害状

（2）影响桃锈病发生的因素。

管理粗放：地势低洼、枝叶量大、常规杀菌剂使用少的桃园容易发病。

园址选择：调查中发现，在山区常年风较大的园子该病发生较多。

（3）桃锈病的防治措施。

农业防治：冬季扫除落叶，并集中烧毁。铲除桃园附近的中间寄主白头翁、唐松草等。做好肥水管理，增施磷钾肥，提高抗病能力。

药剂防治：病原主要以冬孢子在落叶上越冬，南方温暖地区则以夏孢子越冬。一般6—7月开始侵染，8—9月进入发病盛期。生长季节结合防治桃褐腐病和黑星病喷药保护。秋天冬孢子形成期间喷0.5波美度石硫合剂，或65%代森锌500倍液。

30 桃根瘤病如何识别和防治？

（1）桃根瘤病的识别。桃根瘤病是由根瘤土壤杆菌引起的、严重危害桃生产的一种细菌性病害。根瘤病的主要症状是在植株根部、根颈部、茎甚至枝条上形成大小不一的瘿瘤，主要发生部位在根颈部。新形成的瘤初期幼嫩，呈乳白色或略带红色，光滑且柔软；后期木质化而坚硬，呈褐色，表面粗糙或凹凸不平，而后龟裂，严重时整个主根变成一个大瘤。该病常在育苗圃中发生，患病苗木早期地上部症状不明显，待到晚期，根部对水分和养分吸收变差，小树出现树势衰弱、叶片黄化、植株矮化等症状，严重时干枯死亡。当苗木根系不发达时，移栽的桃树在一年之内就会死亡；成龄树感染此病后树势变弱、果实小、产量低、甚至死亡，经济损失严重（图2-15、图2-16）。

图2-15 桃根瘤病危害苗木

（2）影响桃根瘤病发生的因素。

土壤重茬：桃根瘤病可常年发生，在重茬土壤中发病率远高于新植桃园，最新检测结果表明，重茬果园中根瘤土壤杆菌数量明显高于普通土壤，这增加了桃树被侵染的机会。

土壤理化条件：中性土壤和弱碱性土壤利于根瘤病的发生，而酸性土壤不利于发病；沙壤土比黏土发病重；土壤湿度大，该病传染率也高。

伤口：该病容易通过伤口（虫伤、机械伤、嫁接口等）侵入皮层组织，繁殖并刺激伤口附近细胞分裂，形成瘤。

品种抗性：不同品种对根瘤病的抗性有所差别，其中二接白、肉蟠桃、绯桃、砂子早生、南山甜桃、深州离核水蜜、鸳鸯垂枝、临白10号等品种对桃根瘤病有一定抗性（郝峰鸽，2018）。

图2-16　大树患根瘤病后死亡

（3）桃根瘤病的防治措施。

加强检疫：禁止携带根瘤病的苗木调运，严格检查出圃苗木，发现病株应剔除烧毁，苗木栽植前要先用根瘤灵（K84）30倍液浸根5分钟。对怀疑有病的苗木要及时销毁。

加强栽培管理：增施有机肥，注意排水，选择无病土壤作苗圃。改良土壤理化性状，碱性土壤可适当施用酸性肥料。在播种、移栽和定植时，用抗根瘤菌剂对种子和苗木进行拌种或者蘸根处理，保护伤口。改变浇水方式，改大水漫灌为沟灌、做小畦灌水，有条件的地方采用滴灌，避免病菌借水传播。消灭地下害虫和线虫，可减少根瘤病发生。

浸核育苗：把作为砧木用的毛桃核于播种前用根瘤灵30倍液浸泡5分钟，取出后播种。此法能有效地预防根瘤病的发生，并且方法简便，效果良好。

合理轮作：在已经使用一茬的桃树育苗地再进行育苗，或者种植过一茬桃树的果园重新种植，根瘤病发病率明显提高，尤其在北方沙土地，更明显。因此要尽量轮作。

31 桃根结线虫病如何识别和防治？

（1）桃根结线虫病的识别。根结线虫是仅次于真菌，严重危害植物生长的第二大类病原，分布广泛、防治困难。根结线虫种类繁多，其中南方根结线虫危害桃树最为严重。该病主要危害根，在生长细根上寄生很多火柴头或米粒大小的瘤子，且接连不断地形成根瘤，有的根瘤重叠，致发生新根能力锐减，根变细变硬，严重时丧失发生新根能力而干枯（图2-17）。地上部症状起初不明显，发生严重时新梢生长不良，果小而少，着色提早。

图2-17　桃根结线虫危害状

（2）影响桃根结线虫发生的因素。

土壤理化条件：根结线虫均以卵或幼虫在土壤中越冬。翌年4—5月，幼虫从新根根尖侵入寄主。根结线虫在土壤中随根横向或纵向扩展，多数生活在土壤耕作层，有的可深达2～3米，最适应沙土、砂壤土或壤土等粗结构土壤。

品种抗性：研究发现，筑波4号、筑波5号等砧木品种对南方根结线虫有较强的抗性（叶航等，2006）。红根甘肃桃1号对南方根结线虫免疫，白根甘肃桃1号表现为高抗，以上品种均可用作桃的砧木（刘扩展等，2020）。

（3）桃根结线虫的防治措施。

植物检疫：对外来苗木必须经过检验，防止病苗传入无病区及新区。不从疫区调运苗木。不栽植带病苗。选用无线虫土壤育苗，轮作不感染此病的树种1～2年，避免在种过花生、芝麻、楸树的地块上育苗。

农业防治：在冬季落叶后或2月萌芽前，挖除病株土壤表层的病根和须根团，保留水平根及较粗大的根，每株均匀施石灰1.5～2.5千克。重病地块实行轮作，间隔期2～3年。对已经发病的树，可根据土壤肥力，适当增施有机肥料，并加强肥水管理，以增强树势，减轻本病的危害程度。此外，如土壤砂质较重时，逐年改土，也能有效地减轻危害。

药剂防治：生长期发病时应穴施药或盆施药。可使用1.8%阿维菌素乳油2000～3000倍液喷洒土壤。也可将阿维菌素拌入有机肥施入土中，或制成毒土撒施后翻入3～5厘米深的土壤中。

32 桃缺素症状如何识别和矫治？

桃在栽后2～3年即开始结果，若盛果期管理不合理，易出现缺素症。施肥不平衡以及桃园本身土壤元素含量缺乏等也会导致缺素，其中最常见的是缺铁症状。

（1）桃缺氮症状描述和矫治。

桃树缺氮症状：土壤缺氮会使桃树全株叶片变浅绿色至黄色。起初成熟叶或近成熟的叶从浓绿色变为黄绿色，黄的程度逐渐加深，叶柄和叶脉则变红。新梢生长受阻，叶面积减少，枝条和叶片相对变硬。严重缺氮时，叶肉出现红色斑点，后期斑点坏死，叶片从当年生长的新梢基部开始脱落，并逐渐向上发展。在土壤瘠薄、管理粗放的桃园易出现缺氮症；种植在砂质土壤上的幼树，在新梢迅速生长期或者强降雨过后的几天内容易出现缺氮症。

桃树缺氮矫治方法：桃树缺氮后比较容易矫正，可在施足有机肥的基础上，追施氮素化肥，如土施硫胺、尿素，也可以喷布0.3%～0.5%的尿素溶液矫治。

（2）桃缺磷症状描述和矫治。

桃树缺磷症状：磷可以从老组织转移到幼嫩的组织中被重新利用，因此老叶首先表现症状。缺磷初期全株叶片呈深绿色，常被误认为氮肥过多。缺磷严重时，新叶小、叶柄及叶背的叶脉呈紫红色，后期成熟叶片呈青铜色或紫色、褐色。

桃树缺磷矫治方法：缺磷除土壤含磷量少以外，盐碱土因含钙较多，磷被固定成磷酸钙而不能被吸收也是重要因素。秋施基肥时混入过磷酸钙或磷酸二氢钾效果好。但磷肥过多时可引起缺钾、缺锌等，所以供磷也应适当。生长季节喷施0.2%～0.3%的磷酸二氢钾溶液或1%～3%的过磷酸钙浸出液2～3遍可缓解症状。

（3）桃缺钾症状描述和矫治。

桃树缺钾症状：缺钾的症状是叶片皱缩、向上纵卷，弯曲成镰刀状，晚夏以后叶变浅绿色，从底叶到顶叶逐渐严重。严重缺钾时，老叶主脉附近皱缩，叶缘或近叶缘处出现坏死，形成不规则边缘和穿孔，最后枯萎脱落。随着叶片症状的出现，新梢变细，花芽分化减少，果实小且早落。

桃树缺钾矫治方法：可根据树龄的大小，每株施氯化钾0.45～2.70千克，使树体内的钾素含量迅速恢复正常。草肥和禽肥也可以增加叶的含钾量。通过增施有机肥，生长季节喷施0.2%硫酸钾或硝酸钾2～3次，可明显缓和缺钾症状。

（4）桃缺钙症状描述和矫治。

桃树缺钙症状：桃树缺钙时幼叶较正常的小，之后幼叶中央出现坏死部位，在主脉两侧产生坏死斑点；老叶出现边缘褪绿和破损，最后叶片从梢部开始脱落，出现梢端顶枯，严重缺钙时，枝条尖端及嫩叶似火烧般的坏死。另外，缺钙时早、中熟品种果实的缝合线处易变软。

桃树缺钙矫治方法：结合秋施基肥每株成龄树加施500～1000克的硝酸钙或氧化钙。生长季节喷施0.3%～0.5%的硫酸钙，连施两年。

（5）桃缺铁症状描述和矫治。

桃树缺铁症状：桃树的缺铁主要表现为叶脉保持绿色，而叶脉间退绿，严重时叶片全部黄化、白化，导致幼叶、嫩梢枯死，因此又称黄叶病、白叶病、褪绿病等。由于铁在植物体内不易流动，缺铁症从幼叶上开始出现，叶肉变黄、叶脉绿色，整个叶片呈绿色网络状失绿（图2-18）。随着病势的发展，整个叶片变白，出现锈褐色枯斑或叶缘焦枯而引起落叶，最后新梢顶端枯死。一般树冠外围、上部的新梢顶端叶片发病较重，往下老叶的病情依次减轻。在盐碱土或钙质土的桃园最易发生缺铁症（尚霄丽，2013）。

桃树缺铁矫治方法：桃树缺铁时可在发芽前对枝条喷施2%～4%的硫酸

亚铁，或在生长初期叶面喷施0.2%的硫酸亚铁，并在整个新梢生长期重复使用。改土治碱，增施有机肥是防治缺铁症状的根本措施。

图 2-18 桃缺铁症状

第三章

桃树主要虫害如何防治

 梨小食心虫危害如何识别和防治？

（1）梨小食心虫危害的识别。梨小食心虫简称梨小，属鳞翅目，卷蛾科，又名梨小蛀果蛾、桃折梢虫、东方蛀果蛾。通过幼虫钻蛀果实和新梢造成危害。危害嫩梢时，幼虫从被害梢第2～3个叶柄基部蛀入，向下蛀食至半木质部，被蛀食的嫩尖萎蔫下垂，在蛀孔处有流胶及虫粪，不久新梢顶端萎蔫枯死（图3-1）。俗称“折梢”。蛀食果实时，多从桃梗凹处蛀入，初孵幼虫多先取食果肉，后蛀入果心。老熟幼虫脱果后留下明显的虫孔。有的虫孔周围有虫粪和流胶。部分幼虫蛀食套袋果果柄周围果肉，可造成落果。

图3-1　梨小食心虫危害状

（2）形态特征。

成虫：梨小成虫体长5～7毫米，翅展13.0～14.0毫米。全体灰褐色，无光泽。头部具有灰色鳞片，翅中央附近有一个白斑点是本种显著特征。前翅前缘约有10组白色钩状纹，近外缘有10个小黑点（图3-2）。

幼虫：老熟体长10～13毫米，头部黄褐色，前胸背板浅黄白色或黄褐色，臀板浅黄褐色或粉红色，上有深褐色斑点（图3-3）。最明显的特征是幼虫为粉红色且虫体颜色似透视色。

图3-2　梨小食心虫成虫

图3-3　梨小食心虫幼虫

（3）生活习性和发生规律。梨小食心虫在华北地区一年发生3～4代，在南方各省份一年发生6～7代。以老熟幼虫在桃树的老翘皮下、根颈部、枝杈、剪锯口、草把、树干周围浅土层等处结茧越冬，第二年3月下旬开始出现越冬代成虫。前两代以幼虫蛀梢危害，造成“折梢”。第3代成虫高峰期开始，幼虫大量危害中晚熟桃，也危害桃梢。老熟幼虫9月之后陆续脱果转入越冬场所。气温24～27℃、相对湿度80%～100%的条件下，成虫产卵量大，孵化率高（李晓军等，2013）。

（4）防治建议。

农业防治：新建园时尽可能避免桃、梨等混栽；越冬幼虫脱果前，在主枝、主干上束草、诱虫带、布条等诱集脱果幼虫，早春出蛰前取下烧毁；春（夏）季，当幼虫刚蛀入果树新梢，尚未转梢之前（萎蔫而未变枯的折梢），及时彻底剪除虫梢并烧掉。摘除被害果实，及时拣净落地虫果，集中销毁。目前果实套袋为一种行之有效的方法。

成虫监测及诱杀：以性诱剂诱杀雄成虫，主要作为预测预报。一般采用水盆悬挂诱芯，在梨小食心虫越冬代羽化始期前放置。每天检查1次诱盆，捞出盆内虫体及记载数量，并补充所耗水分。诱芯3～5粒/亩[①]，使用1个月左右更换1次即可。

生物防治：

一是性信息素干扰。使用膏状迷向素时在桃园中成虫始见期前，每亩标准使用量120克，在离树顶1/3处按每个点1～2克使用，将迷向素抹在树杈之间。使用时需避开雨天。早熟及套袋果园使用1次即可，对于中、晚熟品种需要在第一次用药50天后补充一次。使用迷向胶条，应在花期开始使用，在离树顶1/3处按每亩悬挂33～40根，早熟及套袋果园使用1次即可。

二是保护利用自然天敌。提倡实行园内自然生草和果树行间种植有益草种的栽培管理措施；将刮树皮等作业推至早春果树萌芽前进行；在果树生长前期（6月以前）尽量少喷或不喷施广谱性杀虫剂。在梨小食心虫羽化初期，释放松毛虫赤眼蜂，一般每亩均匀抛撒赤眼蜂释放球10个（3000头/球。）

三是萌芽前喷布石硫合剂等；在成虫高峰期及时喷施1%苦参碱1000倍液、白僵菌（高温高湿季节）等。

化学防治：防治关键时期为幼虫孵化蛀梢和蛀果前。在每一代成虫发生高峰期后4～6天内进行化学防治，可连续喷药2次，间隔5～7天。建议使用氯虫苯甲酰胺、甲维盐、氟铃脲、高效氟氯氰菊酯等低毒农药。所选药剂应符合相关标准的规定。当梨小食心虫发生量大、发生期不整齐需多次用药时，应轮换、交替使用农药，每种农药每个生长季节使用不超过2次。

34 桃小食心虫危害如何识别和防治？

（1）桃小食心虫危害的识别。桃小食心虫俗称桃小，桃蛀果蛾。通常幼虫啃食果肉，直至果核，使果面畸形。幼虫钻蛀取食果皮表层至果心，虫道弯曲，内有红褐色虫粪，呈“豆沙馅”危害状。幼果期危害，果实一般变黄脱

① 亩为非法定计量单位，1亩＝1/15公顷。——编者注

落，偶见树上悬挂。幼虫老熟后，脱果前3～4天形成脱果孔，将部分粪便排出果实。部分粪便常黏附在脱果孔周围，易于发现。没有充分膨大的幼果受害多呈畸形，俗称“猴头果”。

（2）形态特征。

成虫：雌性虫体较大，体长7～8毫米，翅展15～18毫米；雄性虫体较小，体长5～6毫米，翅展13～15毫米。全体灰白色至灰褐色，复眼红褐色。成虫前翅中部近前缘处有近似三角形蓝灰色大斑，后翅灰色，缘毛长，浅灰色（宫庆涛等，2019）（图3-4）。

幼虫：长13～16毫米，幼虫体短圆形，橙红色或桃红色。头部黄褐色，前胸背板、臀板均褐色。桃小幼虫其红色似在表层。

图 3-4　桃小食心虫成虫

（3）生活习性和发生规律。

在苏北及山东地区一年发生1～2代，以老熟幼虫在果园树下土壤、种子层积沙堆、果树根颈部结茧越冬，越冬代幼虫5月中旬开始出土，出土盛期在5月下旬至6月下旬。出土后主要在树冠荫蔽处、石块、土块、果树老根、杂草、杂物等处做夏茧并化蛹，成虫羽化后常昼伏夜出，一般经2～3天产卵，每只雌虫的产卵期约为15天。初孵幼虫常在果实表面爬行选择适当部位蛀果危害。桃小成虫世代重叠严重，导致其代数区分不明显。

（4）防治建议。

农业防治：越冬幼虫出土和脱果前，注意清除树冠下部杂草、覆盖物等，及时摘除虫果并集中处理。近年来，随着宽行密植栽培的推广及相应园艺措施的跟进，采取宽幅地膜、地布覆盖树盘可有效阻止或降低越冬代成虫成功羽化产卵的概率，效果良好。

物理防治：一是果实套袋。桃小食心虫发生期，及时摘除虫果，集中用药处理。在其成虫产卵前可进行果实套袋处理，阻止幼虫钻蛀危害。二是诱杀防控。5月中旬悬挂诱虫灯、频振式杀虫灯、糖醋酒液等，兼具测报和诱杀桃小食心虫的效果。

化学防治：在初孵幼虫期，全株喷施甲维盐微乳剂，或氯虫苯甲酰胺水分散粒剂，或氰戊·马拉松乳油，也可采用阿维菌素、氟苯虫酰胺、灭幼脲等，对卵及初孵幼虫均有较好防治效果。在幼虫脱果期，喷施阿维菌素微乳剂或氯虫·高氯氟悬浮剂，毒杀老熟幼虫，也可采用高效氯氰菊酯、溴氰菊酯、灭幼脲等防治。初次喷药7～10天后再喷1次，可取得良好的防治效果。

35 桃蛀螟危害如何识别和防治？

（1）桃蛀螟危害的识别。

桃蛀螟属鳞翅目，螟蛾科，又称桃蛀野螟，豹纹斑螟，桃蠹螟、桃斑螟、桃实螟蛾、豹纹蛾、桃斑蛀螟，幼虫俗称蛀心虫等。幼虫主要危害早中熟桃品种，初孵幼虫先在果梗周围吐丝蛀食果皮，逐步蛀入果肉，从蛀孔中流出黄褐色透明胶液，蛀孔周围留有大量红褐色虫粪。幼虫孵化后多从果蒂部或果与叶及果与果相接处蛀入。果外有蛀孔，常从孔中流出黄褐色透明胶汁，与排出的褐色粪便黏结附于果面，很易识别（图3–5）。幼虫在果内可将果仁吃光，果内充满虫粪，老熟后多在果柄处或两果相接处结白茧化蛹（刘永琴和叶洪太，2009）。

图3–5 桃蛀螟危害状

（2）形态特征。

成虫：体长10毫米左右，翅展20～26毫米，身体鲜黄色，前翅散生25～26个黑点，后翅为15～16个（图3-6）。雄虫腹部末端黑色毛丛大，雌虫毛丛小。

幼虫：末龄幼虫体长22毫米左右，身体从淡灰到浅褐色，头部暗黑色，胸部和腹部颜色多变化，有暗红、淡褐色或淡灰蓝色等。每体节背面具4个背瘤，外观与玉米螟非常相似。

蛹：化蛹时做茧，茧大而粗，在茧上有虫粪与碎屑。蛹褐色或淡褐色，体长13毫米，腹末端呈笔头型突起，在其端部生有4～5根弯曲的臀刺（图3-7）。

图3-6　桃蛀螟成虫和幼虫

图3-7　桃蛀螟蛹

（3）生活习性和发生规律。桃蛀螟在我国各地每年发生代数不一，以老熟幼虫在树干裂缝、僵果、玉米穗轴及向日葵盘等处结茧越冬。苏北及山东地区越冬老熟幼虫一般于5月中旬初开始化蛹，5月下旬成虫开始羽化，6月上旬为羽化盛期，6月下旬羽化结束。幼虫期16～18天，老熟幼虫多在果与果、果与叶之间或果内结丝茧化蛹。第一代幼虫多危害早、中熟品种。第二代幼虫多危害中、晚熟品种，第三代幼虫危害晚熟品种（宋文等，2010）。成虫产卵随桃品种及成熟期不同而有别，一般在早熟品种上产卵早，晚熟品种上产卵晚。

（4）防治建议。

成虫监测及诱杀：以性诱剂诱杀雄成虫，主要作为预测预报。可采用水盆悬挂诱芯法。在诱测对象越冬代羽化始期前放置。诱芯4～6粒/亩，在使用1个月左右更换1次即可。

农业防治：主干绑草把、主枝绑布条，诱集越冬老熟幼虫，早春及时清除集中烧毁；结合定果，认真细致地疏除1代幼虫危害果，将虫果捡拾干净，集中烧毁。果实套袋可有效减少桃蛀螟在桃果实上产卵孵化幼虫危害果实。

生物防治：使用目前已经商品化的生物农药，如病原线虫、苏云金杆菌、白僵菌等。还可释放松毛虫赤眼蜂，方法同梨小食心虫防治。

化学防治：根据性诱剂诱蛾结果，在成虫发生高峰3～5天进行喷药防治，可连续喷药2次，间隔5～7天。建议使用氯虫苯甲酰胺、灭幼脲、甲维盐、氟铃脲等低毒农药。当桃蛀螟发生量大、发生期不整齐需多次用药时，应轮换、交替使用农药，每种农药每个生长季节使用不超过2次。

36 桃蚜危害如何识别和防治?

(1)桃蚜危害的识别。

桃蚜属半翅目，蚜科。别名腻虫、烟蚜、桃赤蚜、油汉。主要危害桃树幼嫩部位，集中在嫩梢和叶片上吮吸汁液，被害桃叶叶绿素含量低，苍白卷缩，不能展叶，影响桃果产量及花芽形成，严重削弱树势（图3–8）。危害严重时，蚜虫危害刚刚开放的花朵，刺吸子房，吸收营养液，影响坐果，降低产量。蚜虫排泄的蜜露，污染叶面及枝梢，使桃树生理作用受阻，常造成烟煤病，加速早期落叶，影响生长。桃蚜还能传播桃树病毒。春末夏初及秋季是桃蚜危害严重的季节。

图3-8 桃蚜危害状

（2）形态特征。

有翅雌蚜：体长1.8～2.2毫米。头部黑色，额瘤发达且显著，向内倾斜，腹眼褐色，胸部黑色，腹部体色多变，有绿色、淡绿色、黄绿色、褐色、赤褐色，腹背面有黑色的方形斑纹一个。

有翅雄蚜：体长1.5～1.8毫米，基本特征同有翅雌蚜（图3-9），主要区别是腹背黑斑较大，在触角第3、第5节上的感觉孔数目很多。

无翅雌蚜：体长约2毫米，近卵圆形，无蜡粉，体色多变（图3-10），有绿色、黄色、樱红色、红褐色等，低温下颜色偏深，触角第3节无感觉圈，额瘤和腹管特征同有翅蚜。

图3-9 有翅蚜虫

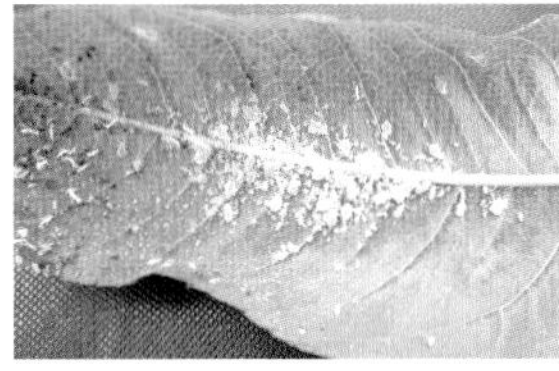

图3-10 无翅蚜虫

图3-11 桃蚜越冬卵

（3）生活习性和发生规律。

桃蚜在各省均有分布，北方一年发生10余代，南方20～30代，越冬卵翌年3～4月孵化，早春在桃树上取食生活，在越冬寄主上繁殖几代后，夏秋转移到蔬菜、禾本科植物和杂草上危害，秋冬有翅蚜再返回桃树上产卵。桃蚜世代重叠严重，以卵在桃、李、杏、梅等果树枝条上越冬（图3-11）。

（4）防治建议。

农业防治：桃蚜多集中在嫩叶和顶芽上危害，可结合打顶将受害枝叶剪掉烧毁。在桃树萌芽期，结合多种病虫害防治，喷3～5波美度石硫合剂。

生物防治：桃蚜的优势天敌有瓢虫、草蛉、食蚜蝇、寄生蜂、寄生菌等。目前，能够大量繁殖和商品化供应的蚜虫天敌很少，只有异色瓢虫。市售的异色瓢虫多为卵态，田间释放异色瓢虫时应在桃蚜发生初期使用。金龟子绿僵菌CQMa421作为桃蚜的防治产品已经正式登记，可在桃蚜发生期喷洒使用。为提高防效，可以把植物源杀虫剂与有机合成杀虫剂混合使用。

物理防治：露地条件下最好不要大量用黄色粘虫板防治蚜虫。黄板在桃园内更适合秋冬季监测回迁有翅蚜使用。另外，黄板在设施内使用效果好于露地。

化学防治：化学防治桃蚜应掌握关键施药时期。桃树花芽萌动期正是桃蚜越冬卵孵化期，花芽露红期桃蚜卵孵化完毕，且桃蚜大部分为幼若虫不抗药，此时喷药对桃蚜防治必然高效。目前江苏、上海、山东、河北等桃产区的桃蚜已经对多种有机磷、拟除虫菊酯类、氨基甲酸酯类、新烟碱类药剂普遍产生抗药性，可选用氟啶虫胺腈、氟啶虫酰胺、螺虫乙酯、环氧虫啶、吡蚜酮等新杀虫剂，并把这几种杀虫剂轮换使用，严禁多次连续使用同一种或同一类杀虫剂，使用2年后再与吡虫啉、啶虫脒交替使用，既能有效控制桃蚜，又可以减少农药用量，延缓抗药性水平增长（孙瑞红等，2020）。

37 桃瘤蚜危害如何识别和防治？

（1）桃瘤蚜危害的识别。桃瘤蚜属同翅目蚜科，又名桃瘤头蚜、桃纵卷瘤蚜，分布遍及全国。桃瘤蚜以成虫、若虫群集在嫩叶背面吸食汁液，受害叶片边缘向背后纵卷成管状，卷曲处组织肥厚肿胀，似虫瘿，凸凹不平（图3-12）。桃叶受害初呈淡绿色，后变桃红色，严重时，全片叶卷曲很紧，似绳状，最后干枯脱落，严重影响桃树的生长发育。

图3-12　桃瘤蚜危害状

（2）形态特征。桃瘤蚜成虫分为有翅胎生雌蚜和无翅胎生雌蚜。有翅胎生雌蚜体长1.8毫米，淡黄褐色。无翅胎生雌蚜长椭圆形，无翅，体长2毫米左右，体色多变，有深绿、黄绿、黄褐等色，头部黑色。卵为椭圆形，黑色。若虫与无翅胎生雌蚜相似，体较无翅胎生蚜小，淡黄或浅绿色，头部和腹管深绿色，复眼朱红色。

（3）生活习性和发生规律。桃瘤蚜发生代数多，一年发生10代以上，世代重叠明显。以卵在桃、樱桃等果树的枝条、芽腋处越冬，翌年春当桃芽萌动后，卵开始孵化。一般4月蚜虫开始危害，5—7月是桃瘤蚜发生危害盛期。成、若蚜群集在叶背面取食危害，导致嫩叶卷曲，形成管状，大量成虫和若虫藏在虫瘿里危害，药剂防治难度大。夏秋产生有翅胎生雌蚜，迁飞到艾蒿等菊科植物及禾本科植物上危害。10月后有翅胎生雌蚜又迁回到桃、樱桃等果树上，产生有性蚜，交尾产卵越冬。

（4）防治建议。

农业防治：在桃树萌芽期，结合多种病虫害防治，喷3～5波美度石硫合剂。结合冬季修剪，重点剪除虫卵枝。春夏季，及时剪除受害枝梢，同时清除桃园周围的杂草，并将虫枝、虫卵枝和杂草集中烧毁，减少虫源。

生物防治：保护利用天敌，可抑制桃蚜的发生。桃瘤蚜的自然天敌很多，主要有瓢虫、草蛉、小花蝽、食蚜蝇、蚜茧蜂、蚜小蜂等多种捕食性和寄生性天敌，对桃瘤蚜的抑制作用强。因此，在天敌的繁殖季节，要尽量减少化学农药的施用次数，不宜使用对天敌杀伤力强的广谱性杀虫剂。

化学防治：根据桃瘤蚜危害后叶片卷曲成管状、药液难以接触到虫体、化学防治不易奏效的特点，防治桃瘤蚜必须掌握在早春幼芽萌动期至卷叶前，这是化学防治的关键时期。最好选用内吸性强的药剂，交替使用农药，以防蚜虫产生抗药性，提高防治效果。药剂可选用吡蚜酮、噻虫嗪、吡虫啉、高效氯氰菊酯乳油、氟啶虫胺腈、氟啶虫酰胺、螺虫乙酯、环氧虫啶等。

38 桑白蚧危害如何识别和防治？

（1）桑白蚧危害的识别。

桑白蚧属同翅目盾蚧科，别名桑盾蚧、桑白盾蚧、桃白蚧、桑介壳虫、桃介壳虫。主要危害桃、李、樱桃及一些绿化树，以雌成虫、若虫固着在枝干上

吸食树体汁液危害，灰白色的蚧壳密集重叠，使树干或枝条表面凹凸不平。由于有群集的特性，常在某棵树或枝条上密集发生，轻则造成树体衰弱，重则造成整个枝条或树死亡。桑白蚧也危害桃果，危害点形成浅红色斑点，有时从斑点处分泌白色毛状蜡丝（图3–13）。从2龄若虫以后，背上覆盖较厚的蜡质，防治比较困难，是桃树上的重要防治对象。

图3–13 桑白蚧危害状

（2）形态特征。

成虫： 雌成虫橙黄或橙红色，扁平卵圆形，长约1毫米，腹部分节明显；雌蚧壳圆形，直径2～2.5毫米，略隆起，有螺旋纹，灰白至灰褐色，壳点黄褐色。雄成虫体长0.6～0.7毫米，有翅1对；雄蚧介壳细长，白色，长约1毫米，背面有3条纵脊，壳点橙黄色，位于介壳的前端（郭聪聪等，2018）。

卵： 椭圆形，长径0.25～0.3毫米。初产时淡粉红色，渐变淡黄褐色，孵化前橙红色。

若虫： 初孵若虫为淡黄褐色，扁椭圆形、体长为0.3毫米左右，可见触角、复眼和足，能爬行，腹末端具尾毛两根，体表有绵毛状物遮盖。脱皮之后眼、触角、足、尾毛均退化或消失，开始分泌蜡质介壳。

（3）生活习性和发生规律。 桑白蚧在我国北方地区一般每年发生2代，以受精的雌成虫在桃树枝干上越冬，第二年春季树液开始流动时，大量吸取枝干汁液。4月底至5月初将卵产于蚧壳内。5月底或6月初，孵化出第1代若虫。若虫爬出蚧壳外，称为游走子，在附近的枝干上吸取汁液。第2代卵产于8月初，中旬为孵化盛期，8月底至9月进行羽化、交配、产卵、孵化若虫，形成第2代游走子，秋末分泌蜡质，形成蚧壳开始越冬。一般第2代若虫和第1代若虫主要危害枝干和新梢，第2代若虫除危害枝干外还危害果实（郭聪聪等，2018）。

（4）防治建议。

农业防治：保持果园卫生干净，及时剪除掉病虫枝，减少越冬虫卵、雌虫，对于虫卵、雌虫可以用硬毛刷等工具刮树皮刷除或者秋季落叶后用高压水枪将其冲刷掉。抓住若蚧发生盛期，在虫体未分泌蜡质时，用硬毛刷或细钢丝刷刷掉枝干上若虫，然后涂抹5波美度石硫合剂，可有效防治桑白蚧危害。

生物防治：桑白蚧的天敌主要有红点唇瓢虫、黑缘红瓢虫、异色瓢虫、深点食螨瓢虫、日本方头甲、软蚧蚜小蜂和丽草蛉等，可人为创造利于天敌昆虫生育繁殖和生长发育的条件，以抑制桃园桑白蚧的发生和危害，忌喷广谱性农药。

化学防治：花芽萌动期是防治桑白蚧的最佳时期，早春桃树花芽萌动前及时喷洒1～2次5波美度石硫合剂，或100倍机油乳剂、蚧杀800～1000倍液、蚧死净800～1000倍液，或速扑杀、蚧脱等消灭越冬雌成虫。若蚧孵化盛期，可用1000倍48%乐斯本进行一次性防治。若虫孵化期前后延续时间较长，应7天左右喷洒一次，连喷2～3次。花后可将螺虫乙酯与助剂按照1：4000的比例混合后喷洒树体。对蚧、蚜等多种刺吸式口器害虫防治效果显著，可一药多治。

39 桃潜叶蛾危害如何识别和防治？

（1）桃潜叶蛾危害的识别。桃潜叶蛾属鳞翅目潜蛾科。亦称为桃潜蛾、桃线潜蛾、窄翅潜叶蛾。桃潜叶蛾幼虫危害桃树造成严重落叶、影响正常的光合作用，影响桃树生长并造成减产。初龄幼虫蛀道极细，随着虫龄增大，虫道渐变粗。幼虫在叶片表皮下取食叶肉形成弯曲状虫道，排泄的粪便充塞于虫道内，后期虫道组织枯死脱落形成孔洞，受害严重的叶片破碎干枯、提早脱落（图3-14）。同一果园内，外围树受害重，中间树受害轻；同一棵树，树冠上部受害重，树冠中下部受害轻。

图3-14 桃潜叶蛾危害状

（2）形态特征。

成虫：成虫体长3毫米左右，体色在夏季和冬季不同，夏型成虫前翅银白色，冬型成虫前翅灰褐色；触角丝状，黄褐色，基部白色；头顶丛生一撮白色冠毛；前翅狭长，翅端尖细，上生黑色斑纹和长缘毛。

幼虫：老熟幼虫体长约6毫米，淡绿色，头淡褐色。

蛹：蛹长3～4毫米，细长淡绿色，包裹在白色“工”字形丝茧内，两端长丝黏附固定在枝叶上。

（3）生活习性和发生规律。桃潜叶蛾主要以冬型成虫在落叶、杂草、土壤缝隙、树皮裂缝中越冬。一年发生5～7代，越冬代成虫3月上旬至4月下旬出蛰活动，4月下旬至5月上旬产卵，5月上中旬出现第一代幼虫。5月下旬至6月初为第1代成虫发生盛期。6月上中旬第2代幼虫发育历期10天左右；第3代8月上中旬盛发；第4代9月中下旬盛发。孵化后幼虫在叶肉内潜食，老熟后钻出叶片，于叶片背面吐丝结茧化蛹（图3-15），少数于枝干上或树下杂草上结茧化蛹。越冬代和第1代发生量较少，从第2代以后，桃潜叶蛾开始虫态交错，出现世代重叠。8—10月是群体数量的高峰期。桃树落叶期，成虫陆续进入越冬场所（孙瑞红等，2020）。

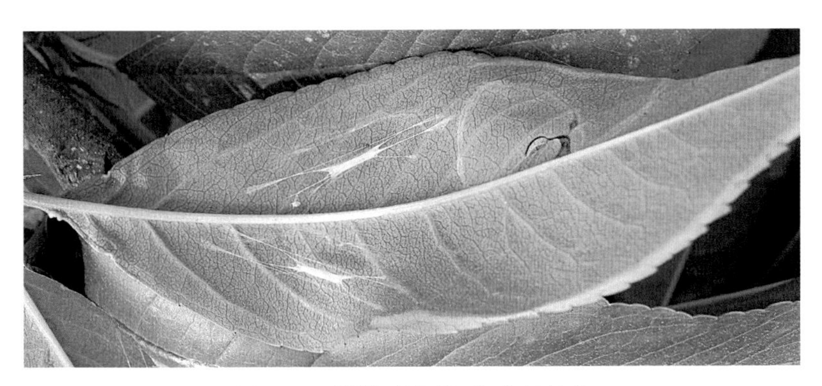

图3-15 桃潜叶蛾“工”字形丝茧

（4）防治建议。

农业防治：冬季或早春及时清除落叶、杂草，刮除树干上的粗老翘皮，连同清理的叶、杂草集中焚烧或深埋，消灭越冬成虫和蛹。

生物防治：桃潜蛾的天敌种类（寄生蜂）较多，提倡实行园内自然生草和果树行间种植有益草种的栽培管理措施。特别是7月后田间天敌开始增多，尽量避免施用广谱性、触杀性化学农药，保护利用天敌。

化学防治：桃潜叶蛾防治关键时期是第1、第2代成虫期。监测越冬代和第1、第2代成虫数量，在成虫发生高峰期3～7天内进行药物防治，可连续喷药2次，间隔5～7天。建议使用灭幼脲、氟铃脲、杀蛉脲、甲维盐、高渗烟碱水剂等低毒农药，要求喷药细致均匀。

 桃卷叶蛾危害如何识别和防治？

（1）桃卷叶蛾危害的识别。桃卷叶蛾属鳞翅目卷蛾科，别名苹果卷叶蛾、黄斑卷叶蛾、黄斑长翅卷蛾。幼虫食叶，初龄啮食下表皮和叶肉，稍大在梢端吐丝拉网缀叶成巢（图3-16）。桃树卷叶蛾危害桃梢后减少叶片数量，破坏和加重当年生枝二次枝、三次枝的萌发，扰乱树形，并影响树体枝条的健壮生长，是桃生产上的重要害虫之一。

图 3-16　桃卷叶蛾危害状

（2）形态特征。

成虫：翅展17～21毫米。成虫从体色可分为夏型和越冬型。夏型成虫头部、胸部和前翅呈金黄色，翅面上有许多分散的银色竖起的鳞片丛，后翅灰白色。越冬型成虫头部、胸部和前翅呈深褐色或暗灰色。

卵：扁平椭圆形，越冬型卵白色，后变淡黄色，孵化前为红色。夏型卵淡绿色，次日变黄绿色，孵化前深黄色。

幼虫：老熟幼虫身体细长，22毫米左右（图3-17）。刚孵化幼虫乳白色，头部、前胸背板及胸足黑褐色。2～3龄幼虫黄绿色。4～5龄幼虫，头部、前胸背板及足变为淡绿褐色。

图 3-17　桃卷叶蛾幼虫

（3）生活习性和发生规律。桃潜叶蛾每年发生3～4代，以越冬型成虫在树下杂草、落叶内越冬。4月下旬，越冬幼虫出蛰啃食嫩芽、嫩叶及花蕾，吐丝将几个嫩叶缀连在一起而成为“虫苞”。6月中下旬为第一代幼虫盛发期，卷叶并贴于果皮上，幼虫从卷叶内啃食果皮，形成许多不规则的小坑洼。7月上中旬是第二代幼虫盛发期，8月下旬至9月中旬是第三代幼虫盛发期。

（4）防治建议。

农业防治：加强清园工作，刮除老翘皮处的苹小卷叶蛾越冬幼虫，减少越冬基数。春天在幼虫危害初期人工摘除虫苞杀灭幼虫；夏季结合疏花、疏果及夏剪等果园管理，及时剪掉卷叶虫苞，集中深埋；秋季果树全部落叶后及时清除果园落叶杂草，消灭其中越冬成虫。

生物防治：提倡实行园内自然生草和果树行间种植有益草种的栽培管理措施。将刮树皮等作业推至早春果树萌芽前进行，以便利用有些天敌先于害虫活动的特点进行保护。在果树生长前期（6月以前）尽量少喷或不喷施广谱性杀虫剂。另外，松毛虫赤眼蜂可在潜叶蛾的卵中寄生，起到生物防治效果，释放方法同梨小食心虫防治。

化学防治：在卷叶蛾第一代和第二代发生高峰期可分别用药防治，建议使用虫酰肼、灭幼脲、甲维盐、氟铃脲等低毒农药，或毒死蜱、高效氯氰菊等。当桃卷叶蛾发生量大、发生期不整齐需多次用药时，应轮换、交替使用农药，每种农药每个生长季节使用不超过2次。

41 叶螨危害如何识别和防治?

（1）叶螨危害的识别。山楂叶螨属蛛型纲，蜱螨亚纲，蜱螨目，叶螨科。又名山楂红蜘蛛，危害桃、杏、李、苹果等多种果树和花木。以成螨、若螨群集于叶背面刺吸汁液，多集中在主脉两侧，有吐丝结网习性。受害叶片出现失绿小斑点，随后扩大成片，严重时叶背变为褐色，枯焦脱落（图3-18）。甚至引起当年两次发芽、两次开花，不仅使当年产量大幅度降低，而且严重削弱树势，对次年产量也有较大影响。

图 3-18　山楂红蜘蛛危害状

（2）形态特征。

成螨：雌成螨卵圆形，体长0.54～0.59毫米，冬型鲜红色，夏型暗红色。雄成螨体长0.35～0.45毫米，体末端尖削，橙黄色。

幼螨：初孵幼螨体圆形、黄白色，取食后为淡绿色，3对足（图3-19）。

卵：圆球形，春季产卵呈橙黄色，夏季产的卵呈黄白色。

若螨：4对足。前期若螨体背开始出现刚毛，两侧有明显墨绿色斑，后期若螨体较大，体形似成螨。

图 3-19　山楂红蜘蛛幼螨

（3）生活习性和发生规律。山楂叶螨年发生12～13代，危害时间长，以受精雌成螨在果树主枝和主干的树皮裂缝内、老翘皮下、绑扎绳下潜藏越冬。一般春天桃树发芽时开始活动，桃树谢花后1周开始产卵，麦收前后种群数量急剧增加，苏北及山东6—7月为全年猖獗危害期。夏季降雨后，田间种群数量骤降，危害减轻。10月中旬后，雌成螨交配后进入越冬场所。高温干旱有利于该虫的发育繁殖，尤其是设施内适宜的环境条件为其暴发流行提供了有利的条件。

（4）防治建议。

农业防治：秋冬季结合土壤耕翻和冬灌，在树干基部培土拍实，防止越冬螨出蛰上树；落叶后刮除树干粗老翘皮，连同枯枝落叶清理出果园集中烧毁。树干绑诱虫带（草），诱集下树越冬害螨。于冬季至春季出蛰前将其解除并集中烧毁，消灭越冬成螨。

生物防治：在叶螨2头/叶时或最后一次施药15天左右，每株树第一主枝下挂一袋胡瓜钝绥螨。最好选择晴天，在一天内投放，并避免阳光直射。

药剂防治：萌芽前结合其他害虫防治可喷洒5波美度石硫合剂或3%～5%柴油乳剂，特别是刮皮后施药效果更好。山楂叶螨防治关键时期为第一代卵孵化期、果实套袋前。如果卵和幼若螨量较大，就需要喷洒对幼若螨高效的螺螨酯，可与防治蚜虫一起喷药。果实套袋前，各种螨态都有，应结合防治桃树其他病虫一起喷药，选用哒螨灵、螺螨酯、唑螨酯、四螨嗪、甲维盐。需多次用药时，应轮换、交替使用农药，每种农药每个生长季节使用不超过2次。

42 桃小绿叶蝉危害如何识别和防治？

（1）桃小绿叶蝉危害的识别。桃（一点）叶蝉属半翅目叶蝉科，又叫桃小绿叶蝉、桃一点斑叶蝉和桃浮尘子。以成、若虫在叶背面吸食汁液，叶片最初时会出现一些黄白色的小点，而受害再严重些时就会斑点相连，而受害最严重时整个叶片都变成苍白色，严重时造成提前落叶（图3-20）。多藏在叶片背面，虫量多时，晃动树枝叶蝉乱飞。有些年份也会在花期吸食花萼、花瓣，造成危害。

图 3-20　小绿叶蝉危害状

（2）形态特征。

成虫：体长3.3～3.7毫米，淡黄绿至绿色。前翅半透明，略呈革质，淡黄白色（图3-21）。

卵：卵长约0.8毫米，香蕉形，头端略大，浅黄绿色。

若虫：全体淡绿色。若虫除翅尚未形成外，体形和体色与成虫相似。

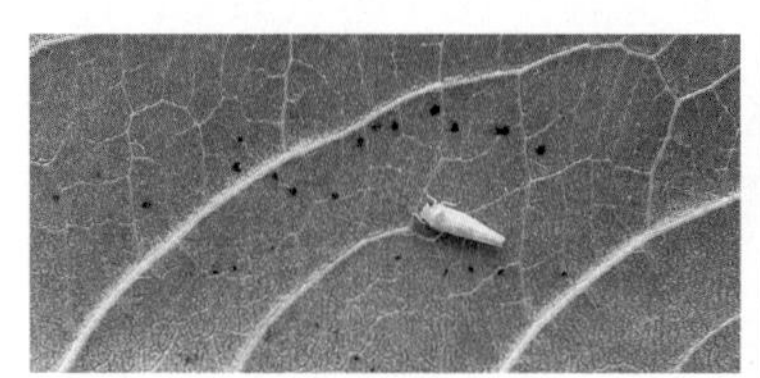
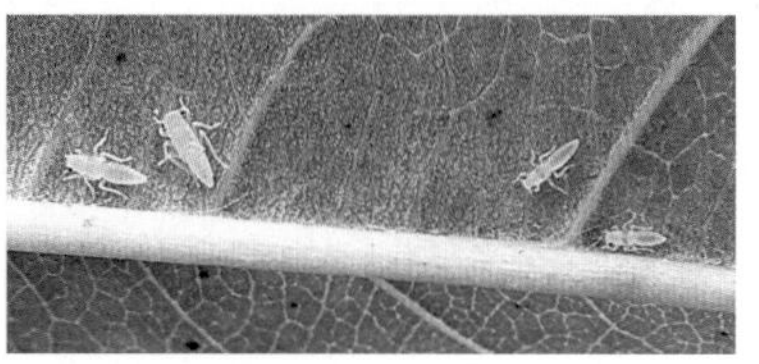

图 3-21　小绿叶蝉成虫和若虫

（3）生活习性和发生规律。每年发生4～6代，入秋以后，以成虫在落叶、杂草或低矮绿色植物中越冬。翌春桃发芽后出蛰（桃展叶期），飞到树上刺吸汁液，经取食后交尾产卵，卵多产在新梢或叶片主脉里。卵期5～20天；若虫期10～20天，若虫孵化后，群集在叶的背面吸食危害或栖息。非越冬成虫寿命30天，成虫会弹跳并可借助风力进行扩散。因发生期不整齐致世代重叠。通常6月虫口数量增加，8—9月最多且危害重。如果入秋以后温度偏高时，桃小绿叶蝉的危害还会加重并且会后延。

（4）防治建议。

农业防治：落叶后应彻底清理落叶和杂物，集中烧毁；成虫出蛰前及时刮除翘皮，结合冬春季病虫防治，给周边常绿植物寄主上喷布石硫合剂或其他杀虫剂。新建园提倡远离大面积的常绿植物区。合理冬剪、夏剪，防止园体、树体密闭。

生物防治：桃小绿叶蝉的主要天敌有草间小黑蛛、异色瓢虫、七星瓢虫、龟纹瓢虫、大草蛉和蜘蛛等。在果树生长前期尽量少喷或不喷施广谱性杀虫剂。

化学防治：重点在越冬成虫迁入期、一代若虫孵化盛期、若虫盛发期三个时期防治。可选药剂：丁醚噻虫啉悬浮剂、吡蚜酮、氰戊菊酯乳油、阿维菌素乳油、氰戊菊脂乳油、叶蝉散乳油、甲氰菊酯等。高温季节也可选用噻虫嗪等内吸性强的药剂。打药时对桃树及田间生草进行药剂喷雾，利用阴天或晴天傍晚喷药效果较理想。

43 梨网蝽危害如何识别和防治?

（1）梨网蝽危害的识别。梨网蝽属半翅目网蝽科昆虫，又名梨军配虫、花扁虫、花网蝽、梨花网蝽等，主要以成虫和若虫群集于寄主植物叶片背面刺吸叶片汁液，叶片背面常有褐色斑点状虫粪和产卵时留下的蝇粪状黑点（图 3–22）。被害叶片正面初期呈现黄白色斑点，逐渐转化为锈黄色，以叶片中心脉处最严重并向叶缘蔓延，虫口量大时，许多斑点连成一片。在盛发期，被害叶片反卷脱落，影响其光合作用，甚至造成嫩枝枯死，对树势、产量和品质均有较大影响。

图 3-22　梨网蝽危害状

（2）形态特征。

成虫：成虫体小而扁，体长3.0～3.5毫米，黑褐色（图3-23）；头小，口器刺吸式，从头的前端伸出；前翅略呈长方形，半透明、布满网状花纹，具褐色翅斑，静止时两翅重叠、黑褐色斑纹呈X形。

卵：卵长0.4～0.6毫米，长椭圆形，一端略弯曲，呈香蕉状或茄子状；初为淡绿色，后渐变为淡黄色。

若虫：若虫共5龄。初孵时白色，后渐变为深褐色。3龄时出现翅芽，外形似成虫。老熟若虫体扁平，暗褐色。复眼红色。头、胸、腹均有锥状刺突，头顶具有3根刺突，中部两侧、胸部两侧各有1根，腹部各节两侧与背面也各有1根（韩菲菲和王欢，2019）。

图3-23　梨网蝽成虫和若虫

（3）生活习性和发生规律。梨网蝽以成虫在落叶下、树干翘皮下、树皮裂缝、土壤缝隙、果园杂草及果园周围的灌木丛中越冬。翌年4月成虫开始出蛰，集聚到叶片背面取食交尾，4月中旬产卵于主脉两侧的叶肉组织中，且分泌黄褐色黏液和排泄粪便覆盖其上，卵期约半个月，5月出现第一代若虫，若虫共5龄，约半个月发育为成虫。遇到高温、干旱气候，危害更重。梨网蝽在不同地区发生规律有差异。陕西每年7—8月是危害高峰期（靳会琴等，2020）；成都全年以8月上中旬至9月中下旬危害最为严重（王铤，2012）；在江苏淮安1年发生5代，4—11月发生，其中7—8月危害最为严重（赵魁杰等，1991）。

（4）防治建议。

农业防治：减少越冬虫源。梨网蝽主要以末代未经交尾的成虫越冬，应在冬季彻底清除园内杂草、扫净枯枝落叶、刮除果树老翘皮集中烧毁以及填塞树干裂缝和虫洞等，并进行翻耕改土，减少害虫的栖息场所。8月下旬至9月初在树干上束草，诱集越冬成虫，清园时一并处理，减少虫源。

生物防治：利用天敌防治梨网蝽。蝽象黑卵蜂、草蛉、蜘蛛、蚂蚁等是蝽类的天敌。当天敌数量较多时，应尽量减少药剂喷施，以保护天敌。

化学防治：药剂防治要抓住两个关键时期，一是越冬出蛰盛期（落花后10天左右）；二是第一代卵孵化末期。以叶背为防治重点。可选用阿维菌素、吡虫啉、噻虫嗪、氟氯氰菊酯等药剂交替防治。发生严重的果园7～10天再喷1次，注意全园连同树下的杂草一起喷药，防止成虫逃逸。上述农药轮换使用，以免虫害产生抗药性。喷药时加入2500～3000倍渗透剂，效果倍增。

44 绿盲蝽危害如何识别和防治?

（1）绿盲蝽危害的识别。绿盲蝽属半翅目盲蝽科，别名：花叶虫、小臭虫、青色盲蝽、破叶疯、天狗蝇、打洞虫等。以若虫、成虫的刺吸式口器吸食果树的幼叶、嫩梢和花果的汁液。桃梢端幼叶受害后被害处先呈水渍状斑点或斑块，叶片出现圆孔状黄褐色斑点，最后叶片破碎；被害果面上茸毛脱落，形成不规则斑痕。早期幼果受害，被害处停止生长或生长缓慢、凹陷变硬木栓化，形成畸形果或“猴头果”。随受害时间的推移被害处凹陷变轻，后期幼果受害仅略凹陷。桃幼果被害处严重的少许流胶干枯于果面上，长期不落（图3-24），果面呈现变褐斑点呈花脸状，斑点相连则成大斑，有的因影响果实膨大而致果面开裂。

图3-24　绿盲蝽危害状

（2）形态特征。

成虫：成虫体长5毫米左右，宽2.2毫米，绿色，密被短毛。头部三角形，黄绿色，复眼黑色突出，无单眼，触角较短。前胸背板深绿色，布许多小黑点。

卵：卵长1毫米左右，黄绿色，长口袋形，卵盖奶黄色，中央凹陷，两端突起，边缘无附属物。

若虫：若虫5龄，与成虫相似。初孵时绿色，复眼桃红色。2龄黄褐色，3龄出现翅芽，5龄后全体鲜绿色，密被黑细毛；触角淡黄色，端部色渐深。眼灰色。

（3）生活习性和发生规律。绿盲蝽在苏南、上海地区一年发生5代，以卵在果树枝条顶芽鳞片内和果园内外的野蒿、荠菜及三叶草等植物上越冬。翌年3月下旬至4月上旬越冬卵孵化，先危害花蕾、嫩梢；4月中下旬为若虫发生盛期；5月上中旬羽化成虫，下旬进入羽化盛期；5月下旬后，幼果和新梢皮层老化，成虫开始迁移到果园内外其他的幼嫩植物上继续繁殖危害；最后一代于9月中下旬开始羽化成虫，10月上旬进入羽化盛期并产卵，11月中旬成虫死亡。

（4）防治建议。

农业防治：冬季清园。果树生长期间及时清除或药剂处理树下寄主（龙葵、家艾、郁李、泥胡菜等）；及时夏剪和摘心，消灭潜伏其中的若虫和卵。

物理防治：越冬代迁入果园产卵期（10月上中旬），利用杀虫灯、黄板等诱杀；生长季节在树干上涂黏虫胶，可阻止绿盲蝽的上树危害。

生物防治：保护和利用天敌，绿盲蝽天敌有蜘蛛、猎蝽、草蛉、小花蝽、瓢虫、虎甲、缨小蜂、齿唇姬蜂、黑卵蜂等，在进行化学防治时，尽量选用对天敌毒性小的杀虫剂。利用绿豆等植物对绿盲蝽的明显诱集作用，在园内合理间作，诱杀或诱集后集中处理。

化学防治：早春树上或地面喷施石硫合剂。化学防治时，重点在第一代若虫孵化期（4月下旬）、第二代若虫孵化期（5月下旬）、第二代成虫羽化前（6月上旬）。以触杀性较强的拟除虫菊酯类和内吸性较强的吡虫啉杀虫剂结合使用效果最好。早期选择有机磷和氨基甲酸酯类毒性较高、持效期较长药剂，后期可采用吡虫啉类毒性较低的药剂。主要药剂种类：5%丁烯氟虫腈、高效氯氟氰菊酯、灭多威、48%毒死蜱、吡虫啉、阿维菌素、啶虫脒等。

 红颈天牛危害如何识别和防治？

（1）红颈天牛危害的识别。红颈天牛属鞘翅目天牛科，又叫桃红颈天牛、哈虫等。初孵幼虫先在皮层纵横串食，不规则。多数于第二年蛀入木质部，渐深达主枝、主干中心，向下直至主干基部，有的蛀入地下根际部分（图3-25、图3-26）。虫道不规则，每隔一段距离向外蛀咬出一虫孔，从孔中排泄红褐色锯末状虫粪，虫孔处可引起流胶。随着虫体变大，虫孔距离渐远。另外，往往多头龄期不同的幼虫可在同一被害处生存，极易造成主干枯死，整株死亡。

图3-25 红颈天牛危害状

图3-26 红颈天牛蛀干后的孔洞

（2）形态特征。

成虫：成虫体长28～37毫米，宽8～10毫米，体黑色有光泽，鞘翅表面光滑；前胸背板棕红色，宽大于长，两侧各有1个刺突，背面有4个瘤突。雄虫触角约为体长的1.5倍，雌虫触角比身体稍长。触角长丝状（图3–27）。

卵：卵长椭圆形，乳白色，长6～7毫米。

幼虫：初龄幼虫乳白色，老熟幼虫黄白色，体长42～52毫米，头部棕褐色。前胸背板横长方形，前缘黄褐色，中间颜色较淡。

蛹：裸蛹，淡黄白色，后渐变为黄褐色，羽化前变为黑色，长26～36毫米，前胸两侧和前缘中央各有1个突起。

图3-27　红颈天牛成虫

（3）生活习性和发生规律。一般2～3年完成1代，以幼虫在蛀食的树干内越冬，翌年春越冬幼虫恢复活动，在皮层下和木质部钻蛀不规则的隧道，5—6月危害最重，并向蛀孔外排出大量红褐色虫粪及碎屑。6月中旬至7月中旬成虫羽化，先在蛹室停留3～5天，然后钻出。羽化2～3天后多于午间在枝干上交尾，卵常产在主干或主枝枝杈缝隙、树皮裂缝处，以近地面35厘米范围内较多。产卵期约1周，每雌虫可产卵40～50粒，产卵时先把树皮咬一方形裂口，然后把卵产在裂口下（袁自更，2017）。

（4）防治建议。

农业防治：在成虫发生前对桃树主干与主枝进行涂白，也可用当年石硫合剂的沉淀物涂刷枝干，主干高度一般1米以下。要求把树皮裂缝、空隙涂实，防止成虫产卵。

人工捕杀：6月中下旬至7月中旬，成虫活动期间，在早6点以前或大雨过后太阳出来，捕捉成虫；或者中午前后在树干、主枝附近捕捉成虫。9月前幼虫即在树皮下蛀食，这时可在主干与主枝上寻找细小的红褐色虫粪，一旦发现虫粪，即用锋利的小刀划开树皮将幼虫杀死，或用铁丝从最新排粪孔中钩杀幼虫。

成虫诱杀：用糖醋液和敌百虫（或其他杀虫剂）配成诱杀液，装盆罐中，挂在园中离地1米高处诱杀。或者使用桃红颈天牛性诱剂专用诱捕器诱杀（图3-28）。

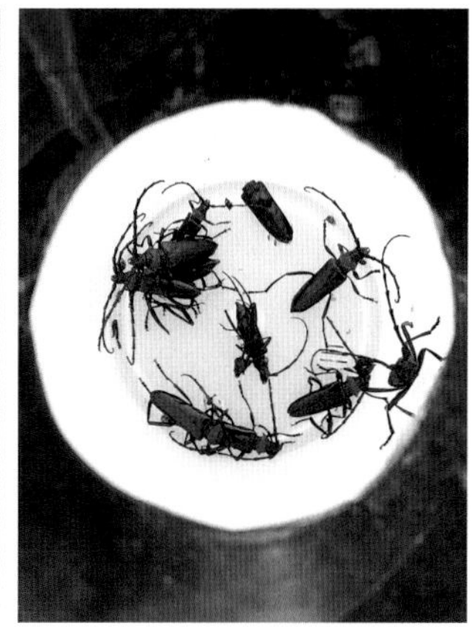

图3-28　桃红颈天牛诱捕器

药剂防治：南方产区在6月初、华北地区在6月20日前后，用高效氯氰菊脂类农药500倍液加适量黏泥涂刷主干和大枝基部（距地面1.2米内），毒杀卵和初孵幼虫。蛀孔外有新鲜虫粪时，使用新型熏杀棒、棉球蘸50%敌敌畏塞虫孔或用敌敌畏等药剂20～40倍注射器注入蛀孔，并取黏泥团压紧压实虫孔。或者于6—7月成虫发生盛期和幼虫初孵期，在树体上喷洒77.5%敌敌畏800倍液。

46　橘小实蝇危害如何识别和防治？

（1）橘小实蝇危害的识别。 橘小实蝇属双翅目、实蝇科，别名柑橘小实蝇、东方果实蝇，俗称针蜂、果蛆、黄苍蝇、柑蛆。主要以幼虫取食危害果实。雌成可一次将多个卵粒产在新鲜果实的表皮下，造成机械损伤，为其他病菌的入侵提供有利条件。卵在果实内很快孵化，幼虫群集取食果肉，随龄期增加和虫体长大，食量增加，在果实内纵横窜食，导致果实腐烂、脱落（图3-29、图3-30）。幼虫基本在受害果实内生长发育，不转果危害。幼虫潜居危害使其难以从外面察觉，常随被害果、包装物、运输工具等远距离传播。

图 3-29　橘小实蝇危害近成熟果实

图 3-30　橘小实蝇扎穿果袋和形成的僵果

（2）形态特征。

成虫：体长6～8毫米，雌虫一般比雄虫体稍长。全体深黑色和黄色相间，胸部背面大部分黑色，上有明显的黄色U形斑纹，小盾片黄色。腹部椭圆形，红褐色，第1、2节背面各有1条黑色横带，从第3节开始中央有1条黑色的纵带直抵腹端，构成一个明显的T字形斑纹（图3–31）。1对前翅透明，翅展14～16毫米。

卵：梭形且微弯，一端尖细另一端钝圆，长0.8～1.2毫米，宽0.1～0.3毫米。初产时乳白色，后渐变成浅黄色（图3–32）。

幼虫：体圆锥状蛆形，头部尖细，尾部粗。幼虫期一般分为3龄，1龄幼虫体长0.6～1.5毫米；2龄幼虫体长2.1～5毫米；3龄幼虫体长3.4～10毫米。

蛹：椭圆形，长4.4～5.5毫米，宽1.8～2.2毫米。初化蛹时淡黄色，后逐步变成红褐色（图3–33）。

图 3-31　橘小实蝇成虫　　图 3-32　橘小实蝇幼虫　　图 3-33　橘小实蝇蛹

（3）生活习性和发生规律。橘小实蝇的发生代数国内由北至南逐渐增多。在最适宜发生地区周年发生，几乎无越冬现象。在北方以蛹越冬，成虫发生高峰在8月底至9月（宋来庆等，2019）。成虫产卵于果皮和果肉内，单雌产卵量160～200粒（张清源等，1998）。田间卵期夏季仅需1天，春秋季2～3天，冬天7～20天（谢琦等，2005）。幼虫发育历期一般9～23天，蛹8～23天。1～2龄幼虫不会弹跳，3龄幼虫老熟后钻出果实，从果面弹跳到地表寻找到适合场所入土化蛹，部分老熟幼虫也可在被害果实内化蛹。橘小实蝇成虫全天均可羽化，但以上午8～10时羽化最盛，羽化后经过一段时期开始交配产卵，产卵期夏季10～20天，秋季25～60天，冬季3～4个月。

（4）防治建议。橘小实蝇以幼虫潜食危害，一旦钻入果实内绝大多数药剂喷洒防治很难奏效，化学药剂防治还会引起环境污染和食品安全问题。因此，对橘小实蝇必须采取综合防治措施。果实套袋可明显减轻橘小实蝇的危害。

植物检疫与监测：建议将橘小实蝇列为重点监测对象，在桃主产区不同的水果种植区及农产品批发交易市场内设立监测点，重点监测南方水果区附近。应加强进境旅客携带水果的现场检疫，特别是来自东南亚国家和地区的水果。

农业防治：早熟桃品种一般于5—6月成熟，可以避开橘小实蝇的发生危害高峰期，晚熟桃则受害严重。在同一地区应种植同一品种或成熟期相近的水果品种，避免把不同成熟期的水果安排在同一果园。

及时收集果园地面上的落果并深埋或沤烂，也可以集中起来装入厚塑料袋，扎紧袋口放入太阳光下高温闷杀，防止幼虫入土化蛹。冬、春季翻耕果园及其附近周围的土壤，可减少和杀死土中越冬的幼虫和蛹，降低第二年的虫口基数。

生物防治：使用专业成虫诱杀产品诱杀成虫。在果园中放养山鸡，以鸡吃落地虫蛹，同时吃掉落地上的烂果，降低下一代的害虫繁殖系数，经济有效。

化学防治：目前生产中还没有特别有效的化学防治方法。在果实采收后和春季成虫羽化出土时，用马拉硫磷乳油400～600倍液喷洒果园地面，每隔7天施药1次，连续喷洒2～3次，可杀灭部分入土化蛹的幼虫和刚羽化出土的成虫。

47 桃仁蜂危害如何识别和防治？

（1）桃仁蜂危害的识别。桃仁蜂属膜翅目广肩小蜂科。主要以成虫产卵造成大量落果和幼虫取食正在生长发育的果仁造成危害。在江苏北部产区少有发生，苏南产区发生很少。在南京偶见危害梅花、杏梅和杏。危害时受害果上出现1～3个数量不等的褐色孔状斑点，斑点逐步扩大，被害果实逐渐干缩，大部分受害果陆续脱落。有的果受害后，果肉萎缩，果皮皱褶，最后变为灰黑色僵果挂在枝上。幼虫危害果实后，取食子叶和内种皮（仁皮），取食多少不一，砸开被害核后可见不完整的内种皮，不需剥开残存的内种皮即可见到幼虫（图3-34）。

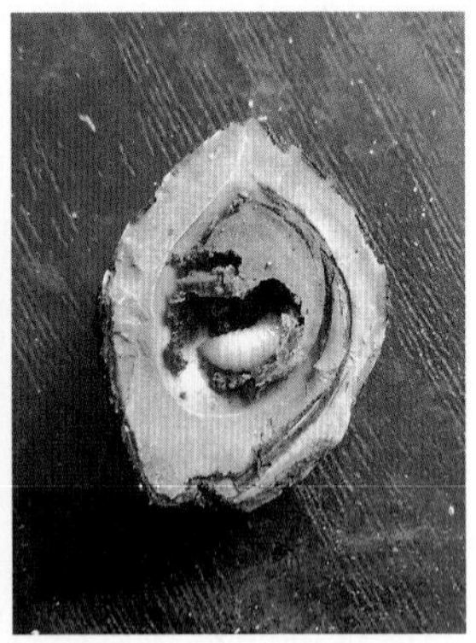

图3-34　桃仁蜂危害状

（2）形态特征。

成虫：桃仁蜂成虫雌雄异型，雌成虫体长4.8～8.0毫米，平均7.1毫米，体黑色。雄成虫体长4.1～7.2毫米，除触角和腹部外，其他特征同雌成虫。

卵：桃仁蜂的卵椭圆形，在放大镜下观看近似鸡卵状，长径0.95～1.10

毫米，平均1毫米，直径0.6～0.7毫米，卵期8～12天，平均10天，近孵化时呈淡黄色。

幼虫：桃仁蜂幼虫初孵体长1.5～1.8毫米，平均1.6毫米，老熟幼虫体长8.5～9.3毫米，平均8.8毫米，乳白色，纺锤形略扁，两端向腹面弯曲呈C形（图3-35）。

蛹：蛹为离蛹，体长约7毫米，形态、体长与成虫相近。初化蛹时乳白色，数日后复眼变红色，之后体色由白色逐渐变为黑褐色。蛹尾部常粘连有末龄幼虫化蛹时蜕下的蜕皮壳。

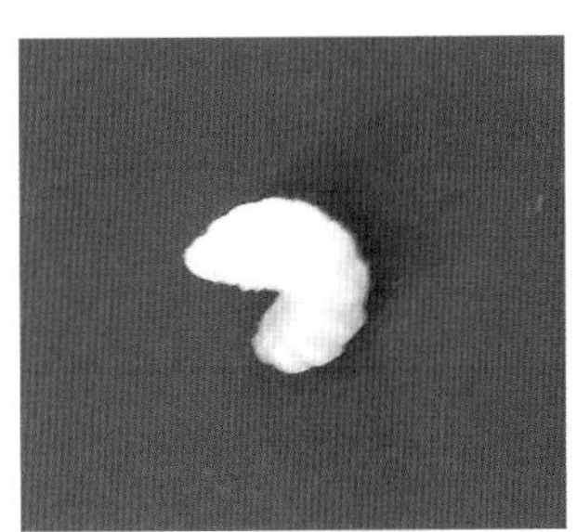

图3-35　桃仁蜂幼虫

（3）生活习性和发生规律。桃仁蜂多数一年1代，以老熟幼虫在僵果核内越夏、越冬，被害僵果多数脱落，少数挂在枝上。越冬幼虫3月中下旬至4月初开始化蛹，北方化蛹盛期在4月上中旬。4月中旬成虫开始羽化，盛期在4月下旬，4月底至5月初成虫开始产卵，产卵盛期在5月上旬。5月中旬幼虫开始孵化并危害，6月上旬，受害果果仁被取食殆尽，6月下旬幼虫陆续老熟并开始越夏、越冬。

（4）防治建议。在发生的集中产区，可在4月上旬以前收集一年的落果，集中销毁。在4月上中旬成虫羽化前在地面喷洒高效氯氟氰菊酯，或者在4月中旬成虫羽化初盛期树冠喷2.5%溴氰菊酯、1.2%苦烟乳油等。另外应用植物源农药1.2%苦烟乳油更为安全，可优先考虑使用。

 蜗牛、蛞蝓危害如何识别和防治?

（1）蜗牛、蛞蝓危害的识别。蜗牛、蛞蝓为间隙性暴发、杂食性软体动物，危害果树的蜗牛主要有同型巴蜗牛和灰巴蜗牛，蛞蝓主要有野蛞蝓。蜗牛和蛞蝓取食的方法都是用齿舌刮食果树的叶片和果实，受害部位叶片啃成孔洞或缺刻，将果面啃成坑状，少数果实被啃去大部或全部果皮。在树上边取食边排粪便，分泌出的黏液留在枝干、叶片和果实上，形成一层白色透亮的膜（图3–36），既污染果品又易招致病害发生。

图3–36 蜗牛和蛞蝓危害状

（2）形态特征。

同型巴蜗牛：成螺贝壳高12毫米，宽16毫米，体螺层5～6个，壳黄褐色或红褐色；体螺层周围常有一条暗红色的色带，壳面马蹄形。

灰巴蜗牛：成螺贝壳高19毫米，宽21毫米，体螺层5～6个；壳面黄褐色至琥珀色，有细密的生长线和螺纹，壳顶尖，壳口椭圆形（图3–37）。

图3–37 蜗牛成虫

野蛞蝓：俗称鼻涕虫，像没有壳的蜗牛。成虫伸直时体长30～60毫米，宽4～6毫米，柔软光滑无贝壳，体色暗黑色、暗灰色或黄白色；触角2对，下面1对较短约1毫米，上面1对较长约4毫米，端部具眼，口腔内有角质齿舌（图3–38）。

图3-38　蛞蝓成虫

（3）生活习性和发生规律。蜗牛在一般每年发生1代，以成贝、幼贝在杂草丛中及菜田，以及果树根部、草堆、石块下等潮湿阴暗处越冬，壳口有白膜封闭。翌年3月下旬至4月上旬越冬蜗牛开始取食危害，5—6月成贝交配产卵，6—7月上旬形成全年第一个高峰。9月下旬以后，气温下降，蜗牛又恢复活动，11月中旬后，寒冬来临，成贝、幼贝陆续潜入越冬场所越冬。野蛞蝓同样一般一年完成1个世代。以成、幼体群集越冬。越冬场所多在田埂地边土缝、果园立桩基部缝隙、枯败叶堆下等潮湿处，有两个活动危害盛期，即每年5—7月初为第一个盛期。入夏气温升高，活动减弱。9月中旬后气温凉爽再次进入活动危害盛期，11月下旬进入越冬。

（4）防治建议。

农业防治：铲除田间、地头、垄沟旁边的杂草，及时中耕松土、排除积水等。如果是设施栽培，在大棚四周下部要固定好塑料围裙，棚内进出水沟平时要堵塞，以防止棚外蜗牛爬进棚内。冬季扣棚前翻耕土壤，可使部分越冬成贝、幼贝暴露于地面冻死或天敌啄食、卵则被晒暴裂而死。

生物防治：桃园养鸡、放鸭。鸡、鸭喜食蜗牛和蜗牛卵，可将地面或树干上的蜗牛及卵吃掉。

物理防治：树干“穿裙”，阻止蜗牛上树（图3–39）。也可将30厘米宽的塑料布缠在树干上，先用细绳扎紧下端，然后将上端向外下翻成喇叭状，均能达到阻止蜗牛上树危害的效果。

化学防治：用10%多聚乙醛配制成含2.5%～6%有效成分的粉末状豆饼或玉米粉等毒饵，在傍晚时，均匀撒施在棚室田垄上或油桃下部地面上进行诱杀。或用8%四聚乙醛颗粒剂或10%多聚乙醛颗粒剂，每亩用2千克，用小勺绕树干撒一圈，阻断其上下树的通道，隔30～40天再撒药1次。

图3-39 桃园养鸡和穿蜗牛裙

49 桃园常见益虫如何识别和保护？

（1）桃园常见益虫的识别。米宏彬等（2014）研究发现，桃园捕食性节肢动物主要包括捕食性蜘蛛、食蚜蝇、捕食性瓢虫、步甲和草蛉等5个亚群落。其中果农在桃园内最常见的为瓢虫和草蛉。

瓢虫识别：属鞘翅目瓢虫科昆虫，俗称花大姐，身体通常呈短卵形至圆形，体长0.8～16毫米，身体背面强烈拱起，腹面常扁平，不少瓢虫看上去似半球形。瓢虫属全变态昆虫，历经4个虫期：卵、幼虫、蛹和成虫（图3-40）。

卵：卵形或纺锤形，浅黄色到红黄色，长0.25～2毫米。雌虫通常成堆产卵，每块10～50个，也有单产的。

幼虫：孵化后，小幼虫在卵壳上至多停留1天，然后分散觅食。幼虫通常长形，外观有点像鳄鱼，6条腿明显，常有骨化的片和刺。

蛹：瓢虫蛹多数是裸露的，化蛹时把幼虫的蜕皮壳蜕在与基质相黏的一端。

成虫：成虫刚羽化时，鞘翅柔软，色浅而无斑纹。后翅伸出鞘翅展开，直至硬化。鞘翅上的斑纹出现时间不同，几分钟到两三周。新羽化的成虫颜色较浅，可保持几周到几个月，可用于区分新一代成虫还是老一代成虫。

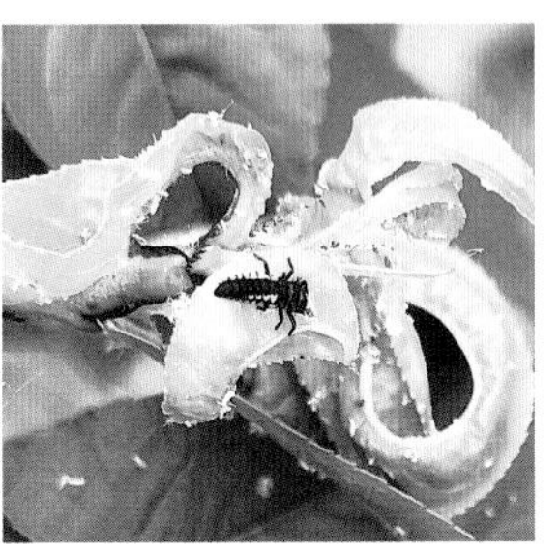

图 3-40　瓢虫成虫和幼虫

草蛉识别：草蛉属于昆虫纲脉翅目，捕食性昆虫，分布广泛，种类繁多。草蛉可捕食蚜虫、介壳虫、红蜘蛛、叶蝉、木虱、粉虱等多种害虫，能有效地抑制森林、苗圃、果园、农田中害虫种群数量的增长。

卵：卵粒椭圆形，淡绿色，每粒卵皆附在一丝状卵柄的顶端，卵柄长6.0～7.5毫米，卵粒长1毫米左右，几十粒为一丛。卵在孵化前出现黑色条纹。

幼虫：呈纺锤形，体色呈黄褐色、灰褐色或赤褐色等。头上有黑褐色斑纹，头顶有一明显的头盖缝，头部背面有不同的黑色斑纹，捕吸式口器。

成虫：体形中等、细长、柔弱，一般虫体和翅脉多为绿色。咀嚼式口器，触角细长，呈线状；复眼发达，有金属光泽。翅2对，膜质透明，前后翅的形状及脉纹相似，脉纹细而多呈网状，在边缘分叉（图3-41）。

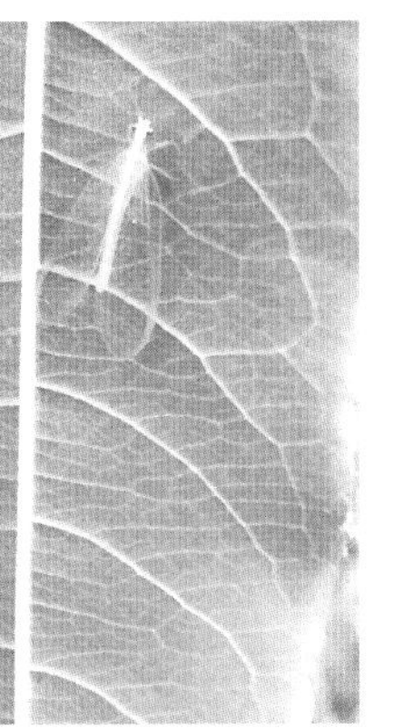

图 3-41　草蛉成虫

（2）桃园常见益虫的保护利用。

瓢虫：瓢虫冬季一般群集于避风向阳的屋檐南侧及西南侧石缝、砖缝、石洞中越冬。洞底湿润、松软或表面覆盖树叶、杂草等有利于冬季越冬，环境保湿可提高成活率。异色瓢虫受越冬地所处向阳避风位置的影响，及往年死去瓢虫气味的吸引，常常年复一年选择同一地点越冬，要加强保护。该虫在苏北及山东内陆地区一般3月下旬至4月上中旬开始活动，并进入交配产卵期以扩大种群。

草蛉：草蛉在全国各地均有其优势种群，繁殖快，能在合理用药的农田建立起强大且持续稳定的种群。有些草蛉高峰期的出现总是滞后于蚜虫高峰期，因此在蚜虫发生时，必须先依靠杀虫剂才能控制其危害，而且应尽量选择高效、低毒、低残留杀虫剂以保护草蛉，充分发挥其控制作用。草蛉对有机磷、氨基甲酸酯类农药敏感、对有机氯、菊酯类农药忍耐力较强；微生物杀虫剂、植物提取物、杀螨剂和杀菌剂对草蛉无明显影响

杀虫灯能在果园内使用吗？

杀虫灯（图3-42）诱杀防治害虫具有诱杀害虫种类多、数量大、设置简单和使用方便的特点。目前在大田作物和果树等的害虫防治及监测中应用较广，但不可否认的是，杀虫灯仍然存在杀虫光谱范围广、诱杀害虫的同时也杀死了天敌、破坏自然生态平衡和生物多样性等弊端。因此，杀虫灯要注重科学使用。

（1）杀虫效果。太阳能杀虫灯对果园害虫控制效果明显。杨勤民等（2020）在山东省沂水地区果园内进行了大面积应用太阳能杀虫灯诱杀害虫的效果调查，发现自5月底至9月初启用杀虫灯，平均每盏灯诱杀害虫3359头，平均单灯单日诱杀害虫40余头，涉及昆虫隶属11目5科。尹士海（2018）对河南省汤阴县3个乡镇1000盏频振式杀虫灯的效果进行调查发现，频振式杀虫灯主要诱杀的害虫有桃小、梨小、苹小、吸果夜蛾、桃蛀螟等20多种。总体表现为诱杀种类多、数量大。人们对杀虫灯的应用仍存有疑惑，认为杀虫灯对益虫杀伤力较大，可能会对自然天敌种群造成较大影响。但是调查发现，多数果园施药很不规范，特别是广谱性杀虫剂的使用对果园昆虫群落的影响极为明显，且对天敌及中性昆虫的杀伤力远远高于害虫。因此，相对而言，杀虫灯对天敌的杀伤力还是在可接受范围之内的。

（2）使用建议。目前多数杀虫灯对某些害虫如蚜虫和叶蝉的防治有限，

同时存在对个体偏大和外壳坚硬的害虫如金龟子等击倒力较差等问题。建议在加强害虫及天敌监测的基础上根据害虫及天敌的发生动态，科学合理地选择不同类型的杀虫灯和设置开灯时间，以避开天敌昆虫的发生高峰期。同时，光谱范围对不同昆虫的引诱效果也应该引起重视，桃小食心虫对405纳米波段反应最强烈，对333纳米波段的反应最差（侯无危等，1994）。利用波长范围较小的LED灯可以显著降低诱集到的昆虫中有益天敌的比率，减小对天敌的误伤（马健皓等，2019）。因此在使用时要合理设置杀虫灯的光谱范围。最重要的是应严格控制广谱性杀虫剂的长期超剂量使用，以减少化学药剂对天敌及中性昆虫的杀伤，再结合不同类型杀虫灯对果园天敌的影响，确保果园生态系统安全。

图 3-42　频振式杀虫灯和测报灯

第四章 如何配药打药

农药配制过程中应注意什么？

（1）农药配制前的注意事项。农药在使用前要根据产品所含有效成分及使用的浓度进行稀释配制后才能使用。正确配制农药，首先要准确计算，其次要准确称量，第三要科学稀释。

计算方法：农药的配制一般多按稀释倍数进行，稀释浓度在100倍及100倍以内的，要加上该农药的份数，例如稀释100倍的农药是称量99份的水，再加1份农药即可。稀释100倍以上的则不需要扣除农药的份数，例如稀释1000倍的农药是称量农药1份，加水1000份即可。

准确称量：正确计算后，还要称量准确。配制浓度很低的药液，往往原药用量很少，很微小的误差就会使浓度相差很大，容易出现药害或效果不好的情况。为准确称量，称量药品重量最好用天平，称量药品体积最好用量筒。

科学稀释：有些农药用量很少，每亩仅用数克的药品，如果直接把数克药品加到数十千克的水中，很可能稀释不均匀，此时可用二次稀释法。

（2）农药二次稀释。

二次稀释的好处：农药二次稀释首先能够保证药剂在水中分散均匀，使某些不易溶解的可湿性粉剂或用量微小的农药得到更充分的溶解、分布得更均匀；同时使计量更加准确，既提高用药效果，又减轻药害的发生，还能减少接触原药中毒的危险。

二次稀释的具体做法：要先选用带有容量刻度的水瓶或其他小型容器，将农药放置于瓶内，注入适量的水配成母液，对悬浮剂等黏性较大的药剂要将黏附在小包装上的药剂清洗掉，轻轻搅动使容器中的药剂充分分散溶解，再用量杯计量使用。若使用背负式喷雾器，可以在药桶内直接进行二次稀释。先在喷雾器内加少量水，再放适量的药液，充分摇匀，然后补足水混匀。若用机动喷雾机具进行大面积施药，可用较大的容器，如桶、缸等进行母液一级稀释。二级稀释时可放在喷雾器药桶内进行配制，混匀使用。

 农药的混合使用应注意哪些问题？

农药混用可以提高防治效果，扩大防治范围，节省人力、物力，但混用不是简单的混合，需要遵循一定的科学道理和原则。

（1）混合使用的原则。混合使用后，能保持原有的理化性状，其肥效、药效均得以发挥；混合物之间不发生酸碱中和、沉淀、水解、盐析等化学反应；混合物不会对农作物产生毒害作用；混合物中各成分在药效时间、施用部位及使用对象都较一致，能充分发挥各自的功效；农药混合后对人、畜的毒性不可增加。在没有把握的情况下，应先在小范围内进行试验，证明无不良影响时才能混用。大多数农药易与碱性物质反应，所以碱性农药一般只能与碱性农药混用，不可与其他农药混用。常见的碱性农药有波尔多液、铜皂液、石硫合剂等。

（2）固液混合或液液混合。

碱性农药：如波尔多液、石硫合剂等不能与碳酸铵等铵态氮肥或过磷酸钙混合，否则易产生氨挥发或产生沉淀，从而降低肥效。

碱性化肥：如氨水、石灰、草木灰不能与敌百虫、乐果、多菌灵、叶蝉散、杀虫菊酯类杀虫剂等农药混合使用，因为多数有机磷农药在碱性条件下易发生分解失效。

含砷的农药：不能与钾盐、钠盐等混合使用。否则会产生可溶性砷，从而发生药害。在所有的肥药混合使用中，以化肥与除草剂混合最多，杀虫剂次之，而杀菌剂较少。

（3）其他注意事项。碱性条件下，氨基甲酸酯、拟除虫菊醋类杀虫剂与福美双等二硫代氨基甲酸类杀菌剂易发生水解或其他化学变化。酸性条件下，2，4–D钠盐、二甲四氯钠盐、双甲脒等会分解。有机硫类和有机磷类农药不能与含铜制剂的农药混用，否则会与铜离子结合，失去活性。微生物源杀虫剂和内吸性有机磷杀虫剂不能与杀菌剂混用。乳油或可湿性粉剂混用，要求不出现分层、浮油、沉淀等现象。

53 打药时要注意什么？

农药的施用方法主要是采用喷雾的方式，科学、合理、规范地使用农药，最大限度地发挥农药有益的一面，降低农药的毒副作用，才能很好地发挥农药为作物生产服务的作用。打药时需要注意以下问题：

（1）根据病虫害的特性确定。有害生物对桃树损害的特征不同，栖息部位也不同。蚜虫、梨网蝽一般在幼嫩叶片的背面，喷雾技术要考虑均匀用药和叶片正、反面用药，同时结合增效剂的使用，减少药剂用量；食心虫一般在果实内，但卵却一般在萼片、花梗上，幼虫从卵中孵化出来几十分钟就会钻入幼嫩的果实内。打药时需注意重点在幼虫3龄以前用药，注意和性诱监测技术结合，控制成虫为主，施药防治幼虫为辅，并且要轮换用药，避免抗药性产生。

很多病害主要靠流水、风雨来传播，防治时重点在雨前雨后、浇水前、阴天前、发病初期时等进行打药。还需注意认清真菌性病害用药与细菌性病害用药的不同。

（2）选好打药时间。根据温度变化来确定。无论是植物、害虫或者病菌，它们都有一个适宜的活动温度，大概在20～30℃，一般以25℃最好，这时打药，不仅对在活跃期的病虫草害有效果，对作物也是安全的。高温天气时，应该在10：00时以前、16：00以后打药；凉爽天气时，应该在10：00以后、14：00以前打药；冬春季的大棚里，最好在晴暖天气的上午打药。

（3）考虑空气湿度。药液从沉积在病虫害上到均匀扩散为药膜会受到很多方面的影响，空气湿度影响就很大。空气湿度过大时，沉积的药液就会变成更大的液滴，再次受到重力影响，就会沉积到植株的下部，从而产生药害；空气湿度过小时，药液容易蒸发，导致能接触到靶标上的药就变少，从而降低药效，严重的还会出现灼烧性药害斑。因此打药环境要保持通风。露地桃树，可以适当修剪植株的一些叶片和枝条，保持果园内通风透气。

54 生产中为什么要交替使用农药？

同一地区长期连续使用一种药剂防治某种害虫或病原菌，引起害虫或病原菌对药剂抵抗力的提高，称危害虫或病原菌的抗药性或获得抗药性。果树产生抗药性后不仅降低化学防治的效果，还给以后的防治带来连锁反应，往往需要加大用药量或增加用药次数，从而加速农药对环境的污染和对天敌的杀伤，进而影响生物群落之间的生态平衡。

（1）抗药性形成的原因。害虫、病原菌的种群中存在个体差异，有敏感的个体，也有抗性强的个体。当这个群体长期与药剂接触，敏感的个体被淘汰，抗性强的个体得以生存，经过交配繁殖，将抗性基因遗传给后代，抗药性的特性就逐代发展并稳定下来，形成新的抗性种群。

（2）克服抗药性的措施。

综合防治：根据有害生物综合治理的原则，加强预测预报，综合运用农业、生物、物理、化学等防治措施。

交替和合理用药：杀虫、灭菌机制不同的药剂交替使用，害虫和病原菌不易形成抗药性或形成较慢，而且能起到兼治病虫害、增强药效、减少农药用量、降低成本等作用。但混合用药不当，不仅不能提高药效，还会诱发交互抗性，必须避免盲目混用。

农药的间断使用或停用：当病虫对某种农药产生抗药性后，如在一段时间内，停止使用该农药，此抗药性有可能逐渐减退，甚至消失。

添加增效剂：增效剂能使一些因抗性产生而即将被淘汰的农药得以回生利用。如对有机磷农药产生抗性的害虫，可以加入除虫菊酯增效剂等来防治。增效剂之所以能增效，主要是抑制害虫体内分解药剂的活性，降低解毒代谢或相应增加药剂的生物活性，克服害虫的抗药性。

55 在桃生产上登记的农药有哪些？

我国对农药实行严格的登记管理制度。通过对中国农药信息网农药登记数据的检索统计，截至2020年8月1日，我国桃生产上登记的农药产品共38个，包括21种杀虫剂、14种杀菌剂、2种昆虫性信息和1种除草剂（表4-1）。在当前桃用药登记条件下，桃病虫草害防治方面更要坚持预防为主、综合防治的植保理念。使依靠化学药剂为主的病虫害防治逐渐向综合防控技术体系转变。

表 4-1　我国油桃生产过程中允许使用的农药登记情况

序号	农药名称	农药类别	剂型	防治对象	用药量（制剂量）	登记证持有人
1	噻唑锌	杀菌剂	悬浮剂	细菌性穿孔病	600 ~ 1000倍液	浙江新农化工股份有限公司
2	噻菌铜	杀菌剂	悬浮剂	细菌性穿孔病	300 ~ 700倍液	浙江龙湾化工有限公司
3	小檗碱	杀菌剂	可湿性粉剂	褐腐病	800 ~ 1000倍液	杨凌馥稷生物科技有限公司
4	多粘类芽孢杆菌	杀菌剂	可湿性粉剂	流胶病	1000 ~ 1500倍液	山西省临猗中晋化工有限公司
5	硫磺	杀菌剂	水分散粒剂	褐斑病	500 ~ 1000倍液	巴斯夫欧洲公司
6	硫磺	杀菌剂	水分散粒剂	褐斑病	500 ~ 1000倍液	智利科米塔工业公司
7	腈苯唑	杀菌剂	悬浮剂	桃褐腐病	2500 ~ 3200倍液	美国陶氏益农公司
8	春雷霉素	杀菌剂	水分散粒剂	褐斑穿孔病	2000 ~ 3000倍液	山东省乳山韩威生物科技有限公司
9	小檗碱盐酸盐	杀菌剂	可湿性粉剂	褐腐病	800 ~ 1000倍液	杨凌馥稷生物科技有限公司
10	春雷・喹啉铜	杀菌剂	悬浮剂	细菌性穿孔病	2000 ~ 3000倍液	兴农药业（中国）有限公司
11	苯甲・嘧菌酯	杀菌剂	悬浮剂	褐斑穿孔病	1500 ~ 2000倍液	先正达南通作物保护有限公司
12	唑醚・代森联	杀菌剂	水分散粒剂	褐斑穿孔病	1000 ~ 2000倍液	巴斯夫欧洲公司
13	唑醚・啶酰菌	杀菌剂	水分散粒剂	褐腐病	1500 ~ 2000倍液	巴斯夫欧洲公司
14	戊唑・噻唑锌	杀菌剂	悬浮剂	细菌性穿孔病	800 ~ 1200倍液	浙江新农化工股份有限公司
15	吡虫啉	杀虫剂	可湿性粉剂	桃蚜	4000 ~ 5000倍液	河北威远生物化工有限公司
16	苏云金杆菌	杀虫剂	可湿性粉剂	梨小食心虫	200 ~ 400倍液	江苏省扬州绿源生物化工有限公司
17	苏云金杆菌	杀虫剂	可湿性粉剂	梨小食心虫	100 ~ 200倍液	江苏东宝农化股份有限公司
18	苏云金杆菌	杀虫剂	悬浮剂	食心虫	200倍液	湖北太极生化开发有限公司
19	苏云金杆菌	杀虫剂	悬浮剂	食心虫	200倍液	山东省乳山韩威生物科技有限公司

（续）

序号	农药名称	农药类别	剂型	防治对象	用药量（制剂量）	登记证持有人
20	苏云金杆菌	杀虫剂	悬浮剂	食心虫	200倍液	河北阔达生物制品有限公司
21	苏云金杆菌	杀虫剂	悬浮剂	食心虫	200倍液	山东省金农生物化工有限责任公司
22	苏云金杆菌	杀虫剂	悬浮剂	食心虫	200倍液	山西省太原高新技术产业西芮生物有限公司
23	苏云金杆菌	杀虫剂	可湿性粉剂	梨小食心虫	200～400倍液	江苏省宜兴兴农化工制品有限公司
24	苦参碱	杀虫剂	水剂	蚜虫	1000～2000倍液	山西美源化工有限公司
25	氟啶虫胺腈	杀虫剂	悬浮剂	桃蚜	5000～10000倍液	美国陶氏益农公司
26	氟啶虫胺腈	杀虫剂	水分散粒剂	蚜虫	15000～20000倍液	美国陶氏益农公司
27	金龟子绿僵菌CQMa421	杀虫剂	可分散油悬浮剂	蚜虫	1000～2000倍液	重庆聚立信生物工程有限公司
28	氯氰·毒死蜱	杀虫剂	乳油	介壳虫	1500～2000倍液	美国陶氏益农公司
29	氯氰·毒死蜱	杀虫剂	乳油	介壳虫	1500～1800倍液	陕西上格之路生物科学有限公司
30	噻虫·吡蚜酮	杀虫剂	水分散粒剂	桃蚜	3500～4500倍液	山东省青岛奥迪斯生物科技有限公司
31	阿维·灭幼脲	杀虫剂	悬浮剂	桃小食心虫	1000～1500倍液	沾化国昌精细化工有限公司
32	氰戊·敌敌畏	杀虫剂	乳油	蚜虫	2000～3000倍液	福建绿安生物农药有限公司
33	氟啶虫酰胺·联苯菊酯	杀虫剂	悬浮剂	桃蚜	4000～5000倍液	青岛中达农业科技有限公司
34	高效氯氰菊酯	杀虫剂	微囊悬浮剂	天牛	600～1000倍液	黑龙江省平山林业制药厂
35	梨小性迷向素	杀虫剂	饵剂	梨小食心虫	80～100克/亩	浙江新安化工集团股份有限公司
36	梨小性迷向素	昆虫性信息素	缓释剂	梨小食心虫	33～43条/亩	澳大利亚环球科技有限公司
37	梨小性迷向素	昆虫性信息素	缓释剂	梨小食心虫	40～50条/亩	江苏宁录科技股份有限公司
38	草铵膦	除草剂	可溶液剂	杂草	200～300毫升/亩	巴斯夫欧洲公司

56 哪些农药在桃树上不允许使用？

为保障农业生产安全、农产品质量安全和生态环境安全，国家对于农药方面的监管越来越严，农业农村部及相关主管部门陆续发布了许多禁用和限用的农药产品清单。《农药管理条例》第三十四条对农药禁限用方面也作出了相关规定：农药使用者应当严格按照农药的标签标注的使用范围、使用方法和剂量、使用技术要求和注意事项使用农药，不得扩大使用范围、加大用药剂量或者改变使用方法；农药使用者不得使用禁用的农药；标签标注安全间隔期的农药，在农产品收获前应当按照安全间隔期的要求停止使用；剧毒、高毒农药不得用于防治卫生害虫，不得用于蔬菜、瓜果、茶叶、菌类、中草药材的生产，不得用于水生植物的病虫害防治。

至2020年1月，我国禁限用89种农药，其中41种为禁用农药（表4-2），48种为限用农药（表4-3）。未来随着风险评估的引入和国家对安全、高效、经济农药的鼓励和支持，会有越来越多的高风险农药产品被列为禁限用农药。

表4-2 国家禁止使用的农药清单（41种）

序号	农药名称	序号	农药名称	序号	农药名称
1	六六六	15	毒鼠强	29	磷化锌
2	滴滴涕	16	氟乙酸钠	30	硫线磷
3	毒杀芬	17	毒鼠硅	31	蝇毒磷
4	艾氏剂	18	甲胺磷	32	治螟磷
5	狄氏剂	19	对硫磷	33	特丁硫磷
6	二溴乙烷	20	甲基对硫磷	34	百草枯水剂
7	除草醚	21	久效磷	35	氟虫胺
8	杀虫脒	22	磷胺	36	胺苯磺隆
9	敌枯双	23	八氯二丙醚	37	甲磺隆
10	二溴氯丙烷	24	苯线磷	38	福美胂
11	砷、铅类	25	地虫硫磷	39	福美甲胂
12	汞制剂	26	甲基硫环磷	40	三氯杀螨醇
13	氟乙酰胺	27	磷化钙	41	氯磺隆（包括原药、单剂和复配制剂）
14	甘氟	28	磷化镁		

表 4-3 国家限制使用的农药清单（48 种）

序号	农药名称	禁用范围	序号	农药名称	禁用范围
1	氧乐果	甘蓝、柑橘树禁用	25	水胺硫磷	柑橘树禁用
2	甲基异柳磷	果树禁用	26	灭多威	柑橘树、苹果树、茶树、十字花科蔬菜禁用
3	涕灭威	蔬菜、果树、茶叶、中草药材禁用	27	硫线磷	柑橘树、黄瓜禁用
4	克百威		28	硫丹	苹果树、茶树禁用
5	甲拌磷		29	溴甲烷	草莓、黄瓜禁用
6	特丁硫磷		30	毒死蜱	蔬菜禁用
7	甲胺磷		31	三唑磷	
8	甲基对硫磷		32	杀扑磷	柑橘树
9	对硫磷		33	氯化苦	限用于土壤熏蒸
10	久效磷		34	氟苯虫酰胺	水稻禁用
11	磷胺		35	磷化铝	限规范包装的磷化铝农药产品。内、外包装均应标注高毒标识及“人畜居住场所禁止使用”等注意事项
12	甲基硫环磷		36	乙酰甲胺磷	蔬菜、瓜果、茶叶、菌类和中草药材禁用
13	治螟磷		37	丁硫克百威	
14	内吸磷		38	乐果	
15	灭线磷		39	氟鼠灵	
16	硫环磷		40	百草枯	
17	蝇毒磷		41	2，4-滴丁酯	
18	地虫硫磷		42	C 型肉毒梭菌毒素	
19	氯唑磷		43	D 型肉毒梭菌毒素	
20	苯线磷		44	敌鼠钠盐	
21	三氯杀螨醇	茶树禁用	45	杀鼠灵	
22	氰戊菊酯		46	杀鼠醚	
23	丁酰肼（比久）	花生禁用	47	溴敌隆	
24	氟虫腈	仅限于卫生用、玉米等部分旱田种子包衣剂和专供出口产品使用	48	溴鼠灵	

57 性信息素产品如何使用?

(1)性诱剂的原理。许多昆虫在性发育成熟以后能向体外释放具有特殊气味的微量化学物质，以引诱同种异性昆虫前来交配。通过人工合成雌蛾在性成熟后释放出一些称为性信息素的化学成分，吸引田间同种寻求交配的雄蛾，将其诱杀在诱捕器中，减低后代种群数量而达到防治目的（植玉蓉等，2008；赵君瑾等，2008）。目前利用性诱剂监测害虫发生动态时比较有效，还不能用来作为防治技术使用。

(2)害虫迷向技术。害虫迷向技术就是通过在果园释放大量的人工合成性信息素，使其弥漫在空气中，从而掩盖雌虫信息素气味，使雄虫无法找到真正的雌虫，大大降低交配率。迷向技术也会推迟交配，交配的推迟会迫使雌虫通过消化卵来获得能量，最终雌虫不能积累足够的卵，虫口密度下降，从而减少对果园造成危害。目前在桃园真正应用比较普遍、技术比较成熟的产品只有防治梨小食心虫的迷向相关产品。

(3)性信息素迷向技术的优点。利用性信息素迷向技术防控害虫有以下优点：①昆虫信息素具有种内专一性，在利用信息素防控害虫时能精准靶标，不杀其他昆虫和天敌。②雄性昆虫对性信息素反应极为敏感，性信息素迷向技术防治梨小食心虫，每亩只需要少量性信息素，即可起到很好的作用。③性信息素通过载体挥发到空气中，不直接接触果实、土壤和水，对环境无污染。④性信息素迷向技术可以有效地与天敌释放、生物农药、种养控害等绿色防控技术集成，而不影响防治效果，成为各种作物绿色防控的主要技术之一（封传红等，2020）。

(4)常见梨小迷向产品及其特点。

迷向丝：传统迷向丝中灌装性信息素液体，多数迷向丝有效期60～90天左右。迷向丝在使用时需要对树体进行捆绑，影响树干的正常增粗，用工稍多。

迷向胶条：管壁为高分子缓释复合材料，胶条下部为楔形，内含活性成分顺8-十二碳烯醇乙酸酯等化合物。胶条上部为桃心形的与管壁同材质的卡扣（翟浩等，2018）（图4-1）。

图 4-1　市场中常见的梨小食心虫迷向产品

迷向膏：主要成分为梨小食心虫性信息素乙酸乙酯溶液和月桂醇、月桂醇乙酸酯、羊毛脂、聚异丁烯、凡士林、聚乙二醇、β-环状糊精、2，6-二叔丁基-4-甲基苯酚等。迷向膏剂涂抹后在2～3小时后可固化。

（5）田间使用技术。

园区的选择：应用面积至少在30亩以上，面积越大效果越佳。迷向防治区适宜设置在种植相对独立、品种相同、连片种植且园区形状规则（以正方形为佳）的种植基地。

使用位置：将产品布放在桃树树冠的树杈上。为保证散发均匀，应该注意水平和垂直方向上均匀设置。最好将产品布放在树体离地面2/3高度上，如果桃树低矮的话，尽量布置在距离地面1.5米以上。

使用密度：根据不同产品的含量和释放量来决定，如果按照3米株距，5米行距的栽培密度来算，一般每棵树都应布放一个释放点。在坡度较高或风口方向边缘处需加大密度。

使用时间：根据监测，在越冬代成虫羽化前开始使用。使用时间越早，防效越好，桃园建议在花期就开始使用。迷向膏剂持效时间较短，需要在生长季当中二次施用，使用时须避开雨天。

58 如何正确熬制和使用石硫合剂?

石硫合剂是由生石灰和硫磺按一定比例熬制而成的安全、高效、低毒的矿物源农药。石硫合剂杀灭病菌的活性成分是多硫化钙，喷洒在树体上的多硫化钙在氧、二氧化碳和水的作用下，解析出硫元素微粒和毒性更强的硫化氢气体，发挥杀虫杀菌作用，是果树萌芽前常用的药剂。

（1）石硫合剂熬制。

原料：生石灰1份，硫磺粉2份，水10份。

熬制方法：按比例将水倒入铁锅中，并在铁锅内作一记号，标明水位，该水位一般在锅沿下部5厘米处。用大火将水加热到50℃左右，取出部分热水，加到另外容器中将硫磺调成糊状（加入少量洗衣粉更容易调和），锅中慢慢加入生石灰，让生石灰（CaO）和水（H_2O）充分反应，生成氢氧化钙［$Ca(OH)_2$］，再把用热水调制成的硫磺糊自锅边缓缓倒入沸腾的石灰乳中，同时匀速搅拌，并记下水位线，随时添加热水补足失去的水量。开锅后保持中火熬煮，15分钟左右溶液开始变色，小火保持微沸状态，保持30分钟左右，当锅中溶液呈深红棕色（酱油色），渣呈蓝绿色时，停止加热，转移到其他容器中，冷却过滤或沉淀后，清液即为石硫合剂原液（母液），原液颜色应为红褐色透明状，用波美度测量计测量所熬制的原液浓度，一般可达22～25波美度。

（2）石硫合剂的使用。

稀释：果园生产上常用浓度为3～5波美度。每千克原液加水量=原液波美度数/使用波美度数-1。

使用方法：在桃树生产上，一般在花芽露红前喷施。喷施时务求地上地下全覆盖，树干、枝条喷施均匀。石硫合剂喷洒后在树体上形成一层保护膜使外来病虫难以入侵，同时使膜下的病虫得不到氧气而死亡。

涂干和涂抹伤口：石硫合剂原液用完后，剩余的残渣可用于涂抹树干，一般在秋季果树落叶后或早春进行。将残渣均匀涂抹于树干，可将隐藏在树皮裂缝中的病菌杀死。石硫合剂原液可用于枝干伤口刮治后的消毒，以减少病菌侵染。

（3）石硫合剂熬制和使用注意事项。

① 含杂质多或已风化的石灰不宜使用。若硫磺为块状，应先磨成粉方可使用。

② 熬煮中损失的水分要及时补充，每次补水量要少，防止水温显著降低，在停火前15分钟加足水。

③ 贮藏时必须密闭，避免日晒，在药表面加一层矿物油，可与空气隔绝。稀释液不易贮存，应随配随用。

④ 温度过高或过低均会降低药效，过高的温度还易产生药害，对落叶果树而言，早春温度低于4℃时不能喷施。

⑤ 石硫合剂呈碱性，禁止与碱性条件下易分解的农药、波尔多液、铜制剂等混用。使用前及使用中均应保证药液均匀。

⑥ 熬制、喷施石硫合剂时均应穿戴防护服，戴口罩，避免药液与皮肤直接接触。若不慎将药液溅到皮肤上，须用大量清水冲洗，以防腐蚀皮肤。

59 为何要统防统治？

（1）开展统防统治的好处。专业化统防统治可以实现农药统一采购、统一供应、统一管理，从根本上减少农药用量，避免出现人畜中毒与农药残留的情况，并给工作人员营造相对良好的工作环境；同时，采用高效机动器雾机施药，防效好、污染少，可有效解决农药包装的污染问题；通过整合农村的病虫害防治力量，及时分析各种新型的病虫害类型，将传统的、分散的家庭式整治模式转变为现代的、统一的专业化统防统治模式，最大化地适应该地区的病虫害发生规律，从根本上提升该地区的桃产量与质量。

（2）开展统防统治的对策。

加强外来虫源的监测防治：完善监测网络布控，加强外来虫源的监测预警。病虫信息的监测是植物病虫害防治的前提，确保重大病虫疫情早发现、早铲除，严防外来有害生物入侵和扩散，及时汇总虫情并发布病虫预报和防治指导意见，及早动手，抓防治关键期以达控制病虫害的目的，从而达到减量增效目的。

开展病虫知识普及：技术人员要走到群众中去，及时宣传、讲授病虫害发生信息，让农民掌握病虫害防治的有关知识，提升农民的思想观念，大局意识，从而让农民在种植的过程中合理使用农药，杜绝盲目跟从，因地制宜，根据自己桃园的实际情况对症下药。利用好植保技术交流微信群，及时了解病虫田间发生情况，同时为群众做好病虫防控指导和服务。

推进绿色防控替代单一化学防治：绿色防控示范园区在物理防控技术实施

基础上，对主要病虫进行“性诱剂监测成虫+虫情普查”，适时组织统一防控。比如，近年来无锡惠山区阳山镇在防治桃枝枯病时采用的统一收集枯枝、病枝，统一集中处理，统一熬制和使用石硫合剂等措施在防治枝枯病中取得了良好的效果，通过实施花期统一购买、悬挂梨小食心虫迷向产品，有效控制了梨小食心虫的危害，实施区内桃商品果率显著提高。

60 为什么桃园不提倡使用除草剂？

（1）除草剂直接药害。除草剂使用不当，会对果树产生直接药害。如草甘膦飘落在桃树上时，药液集中处会变黄、变红，最后变褐、枯萎死亡，严重时整个枝条死亡；百草枯主要伤害绿色部分，叶片沾到药液处迅速失水变色、干枯，脱落形成穿孔，严重时枝条死亡；盖草能飘落在桃树上时，药液集中处会出现红色或者紫色的点，最后变褐色（图4–2）。多数除草剂对叶片产生伤害时必定会影响叶片光合作用，从而影响桃树养分的积累，导致树势严重衰弱，产量和品质下降，甚至死树。

草甘膦药害

百草枯药害

盖草能药害

图4–2　不同除草剂的直接药害

（2）除草剂残留药害。土壤中如果残存一定量的草甘膦会对桃树产生间接药害。作为内吸传导型除草剂，部分残留在土壤中的草甘膦可以经由根系吸收传导至整株，影响桃树的正常生长。如叶片受害，常表现为新叶、新芽生长缓慢，幼叶变黄、叶尖焦枯、叶片从外向内翻卷的现象（宋宏峰等，2014；郭磊等，2020）（图4–3）。

图 4-3 草甘膦残留药害

桃属于浅根系果树，土壤中草甘膦浓度偏高时，会对桃树根系产生影响，主要造成侧根和须根数量减少。另外，除草剂残留会导致新栽树苗死亡，建园失败。如果前茬农作物使用了除草剂，土壤中存有大量残留药剂，新栽桃树苗在新梢长至10厘米左右时，就会逐渐萎蔫、枯死，拔出树苗可见根系腐烂，并且没有新根发生（图4–4）。

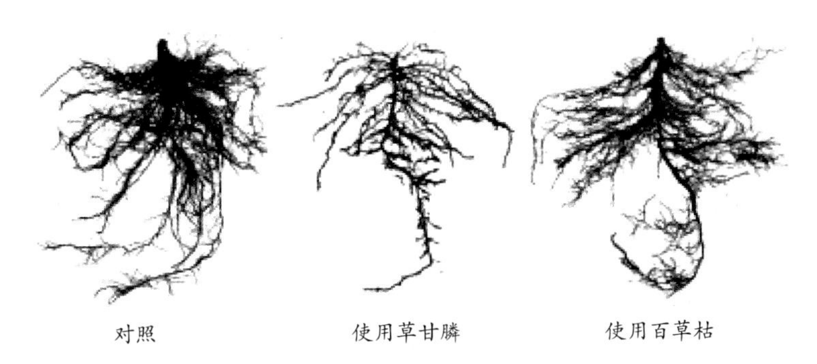

图 4-4 使用除草剂后毛桃根系的变化

（3）加重流胶的发生。在调查中发现，南方常用除草剂的桃园桃树流胶病发病率增加，树势衰弱速度较快，即使只将草甘膦喷施于桃园土壤，也会对桃树新梢量、果实产量、品质等产生影响（郭磊等，2017）。在北方以前不留胶的桃园，随着除草剂的普遍使用，近年来也出现了由于除草剂诱发或加重树干或枝条流胶的情况（图4–5），严重者会导致树势衰退或死亡。

图4-5 常用除草剂的桃园流胶加重

（4）果实中残留。一些除草剂可在果实中残留，危及果品食用安全。随着草甘膦的大量使用，其残留问题日渐受到关注，是潜在的生态环境危险源。有研究发现，其对动物和人类生殖系统存在巨大风险。各国对果品中草甘膦的最大残留限量都制定了严格的标准。因此，除草剂的不合理使用存在食品安全隐患。

61 如何科学使用多效唑？

多效唑，又叫氯丁唑，简写为MET或PP333，属化学合成的生长延缓类植物生长调节剂，其作用机理为多效唑经由植物的根、茎、叶吸收，然后经木质部传导到幼嫩的分生组织部位，通过抑制内源赤霉素的生物合成，抑制新梢的生长，同时对花芽形成、坐果等生殖生长有促进作用。为了规范其在桃上的应用技术，陈锦永等（2013）制定了多效唑在桃上安全应用技术规程，以指导桃安全生产。

（1）使用方法。多效唑主要在2年以上初结果树或旺长树上使用，新栽幼树一般不使用，施用方法主要有土施法和喷施法。

土施：一是环状沟土施。沿树冠外缘或离树干1米处挖1个宽5～10厘米、深10～20厘米的环状沟，以露出部分吸收根为度。之后把所需多效唑用适量水稀释后均匀浇入环状沟内，如土壤较干燥时，可多加水，以浸透环状沟内根系为宜，之后封土复原。二是树盘喷施。把所需多效唑用适量水稀释搅匀后均匀喷到树冠下，树盘土壤干后，浅翻入土使多效唑与树冠下根系接触，根据施用时期可酌情浇水。三是根颈部土施。紧贴树干处挖1个环状沟，环状沟深度以露出根颈部根系为妥，把所需多效唑用少量水稀释后均匀浇入环状沟内，水量以浸透根颈处根系为宜。封土复原。

叶面喷施：用适量净水把所需多效唑稀释成一定浓度，使用雾化较好的喷雾器均匀喷施新梢生长点及新叶，以叶片全湿，药液欲滴而不下落为度。

（2）使用时期。桃树一般可在新梢长度5～15厘米时使用。土施可在早春和晚秋至土壤封冻前两个时期使用，早春在发芽前（设施桃在开花期或萌芽初期施入也有良好的控制徒长效果），晚秋在桃树落叶后至土壤封冻前施入，可控制翌年新梢旺长。叶面喷施在桃树枝梢旺长前至新梢旺长后期进行，江苏北部产区露地桃一般在5月上中旬至7月中下旬（图4–6）。果实采收前1个月之内禁用。

图4-6 使用多效唑控制的桃园

（3）施用浓度或剂量。多效唑的施用剂量或浓度要根据桃树的立地、品种、树龄、树势和管理条件灵活掌握。

土施剂量：多效唑土施剂量一般按桃树的树冠投影面积每平方米施用0.075～0.15克有效成分，实际用量相当于0.5～1.0克15%的多效唑，在此基础上酌情增减。对黏重土壤施用剂量可稍重，对沙壤土施用剂量宜稍轻。对强旺树适当多施，较弱树适当少施，老弱树不施。采用土施法时，第1年施药取得明显效果后，第二年用量要减半或酌情减少，第三年根据树体反应，一般取

2年施用量的平均数，这样波浪式施入，既能使桃树生长正常，高产稳产，又不使树体衰弱，延长结果年限。一般每生长季节施用1次即可。

叶面喷施浓度：依据多效唑在桃果实中的残留量不超过0.5毫克/千克的标准，在保证多效唑发挥作用的前提下，多效唑叶面喷施浓度介于500～1500毫克/升。使用较低浓度（500～750毫克/升），桃每个生长季节可使用2～3次；使用中等浓度（750～1000毫克/升），每生长季节使用次数不超过2次；使用较高浓度（1250～1500毫克/升），露地桃每生产季节最多使用2次，设施桃每生产季节最多使用1次。喷施2次以上时，2次之间的间隔15天以上。

62 桃园常用打药机械有哪些？

我国早期并没有专门用于果园的植保机械，很多果农常使用通用的背负式手动喷雾器或者踏板式喷雾器打药，随着技术发展，出现了背负式机动喷雾（粉）机、担架式机动喷雾机、果园风送式喷雾机、无人机等。植保机械由手动作业发展为机械化、智能化，喷雾方式由粗放型发展为精准化、精确化，作业效率与质量均不断提高，劳动强度逐渐降低。

（1）手动喷雾器。手动压缩式喷雾器与背负式喷雾器工作压力低、射程短，在果园只能用于果苗、低矮果树、除草或零星喷药。手动喷雾机按其工作原理可分为为液泵式和气泵式两大类。气泵式喷雾机的优点是操作省力，经过两次充气，每次充气30～40下，即可喷完大约5升药液（图4-7），而液泵式工作时需经常操作手摇杆，使用人员容易疲劳，降低工作效率。

图4-7　常用手动喷雾器

（2）机动喷雾机。担架式喷雾机是我国果园使用较多的机动喷药机械，各工作部件装在像担架的机架上，体积较小，作业时由人抬着担架或将其安装在机动运载车辆上进行转移，通行能力基本不受地形和果园条件的限制。工作压力可达2.5兆帕，射程最远可达10米，雾滴穿透性强，但在调节射程时，雾滴粗细变化很大，难以保证均匀的雾化质量（图4-8）。

图4-8　担架喷雾器

（3）果园风送式喷雾机。风送式果园喷雾机由于其穿透性好、覆盖率高，在我国得到迅速发展。与喷枪相比，果园风送式喷雾机用药量大幅减少，药液在靶标上的覆盖密度和均匀度显著提高，其药液利用率达到30%～40%，同时操作人员的劳动强度和工作条件也大为改善。目前生产中常见的果园风送式喷雾机主要有自走式、悬挂式、牵引式风送式喷雾机（图4-9至图4-11）。

图4-9　自走风送式喷雾机

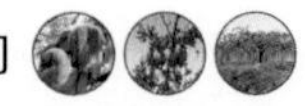

图 4-10　自走风送式喷雾机

图 4-11　牵引风送式喷雾机

第五章

如何种好桃树

如何科学地规划桃园？

进行科学的果园设计与栽植，是桃树生产现代化、商品化和集约化栽培的首要任务和重要工作。如何选择园地，选定品种等，都必须考虑在内。

（1）园址选择。桃树喜土层深厚、肥沃、保墒性好、疏松的沙壤土。平地建园要注意地下水位不能过高。如果土层下面有粘紧的板结层或僵石层，要先深翻打通。涝洼地不适合种桃，桃树耐盐性差，含盐量超过0.14%对桃树的生长有害（程醒燕，2008）。因此，盐碱重的地块应先改良再建园，土壤的酸碱度以中性、微酸性为好。在砾石地上建园时，如果砾石层厚而土层薄（土层不足30厘米），要先做去石增土工作。漏水漏肥严重的粗沙地，要先掺土改良。

园址选择还应注意用水条件，做到旱能浇、涝能排，尤其是要注意夏季排涝。同时，最好实现灌、排、路、树系统工程配套。尤其要考虑现代化设施和机械能在果园当中应用。桃不耐贮藏，交通条件非常关键，最好选择交通便利地块，以利于产品调运和出售。

（2）新建果园规划。百亩以上规模的桃园，规划设计前要测量考察园地地形，绘出地形图，并对园地的土壤、小气候等自然条件进行详尽调查了解，然后着手具体规划设计。集中连片建园，在农户分散经营的情况下，同样要求整体设计，统一规划。避免出现一户一个方案，一园一种模式。果农户过于分散、不统一则会直接影响今后的管理。大面积果园先划分为若干大区，每个大区再划分若干小区，小面积果园只划分小区即可。一般100亩为一个大区，20亩为一个小区。选择的品种要错开成熟期，但同一品种不建议分散栽植。

(3)道路及排灌系统。按小区的规划设计道路。主干道贯穿全园，与园外大路相连，宽6～8米，便于运送桃果和生产资料（肥料、农药、包装物等）；支路是连接各小区与主干道的通路，宽4～6米，便于农用机械进出。小区面积大时，须设田间小路，一般宽2～3米。注意道路宽度是树成形后的实际宽度。具有观光、自采性质的桃园，可以加宽田间小路，甚至把支路的某段加高，以利观赏。

灌溉与排水沟一般沿道路设置，有利于充分利用土地。水源为水库时，渠道可用明沟或暗沟；水源为地下水（井水）时，最好能采用管道引到田间，再用软管灌溉各行，有条件的最好采用滴灌、涌泉灌或微喷，既省水又能有效控制土壤湿度，满足桃树不同时期对水分的需要。雨水较多地区必须起垄栽植，改善根域环境，垄与垄中间形成小沟，与排水沟相连。排水沟结合地形，由高到低，及时排出因雨水过大形成的地面积水。

(4)桃园附属建筑。包括管理用房、生活用房、农具农机室、肥料农药仓库、配药池、包装场等必要的建筑，应设在交通方便的地方。包装场是果实分级包装的场所，也是临时贮藏的场所，同时又是进行各种活动、材料、物品进出的场地，不可忽视。大型果园还要考虑有机肥腐熟堆沤场地、冷库等。

64 如何栽植桃树？

(1)栽植时间。桃树栽植可分为秋种和春种，秋种一般在秋季落叶后，土壤上冻前比较好，基本没有缓苗时间，有利于提早春季萌芽，树的长势也比春天栽的旺。春种一般在春天土地解冻后及桃萌芽以前，因为定植后根系开始生长还需要一段时间，相当于缓苗，早期生长会稍慢，但越过了冬季低温，不会造成冻害。在北方寒冷地区，秋种有时会发生抽条等冻害，导致死苗等现象，也可以采用春种。南方在秋季桃树落叶后至次年春季萌芽前均可栽植，应尽量提早栽植时间。

(2)栽植密度。栽植密度应根据园地的立地条件、管理水平、整形修剪方式确定：自然开心形行株距一般为（5～6）米×（3～4）米，两主枝Y形行株距为5米×2米；土质肥沃的平坦地、缓坡地密度小些，而丘陵、山坡地可适当增加密度。

（3）栽植前的准备。栽植前一年秋冬季全园耕翻（图5-1），土壤黏重的地区，耕翻后每亩撒施3～4米^{3}含稻壳、秸秆、锯末、树皮、菇渣等有机物的腐熟农家肥，用来改良土壤，肥力较低的沙壤土地区，每亩撒施2～3米^{3}腐熟农家肥，增加土壤肥力。依据栽植密度的行距在种植点两侧堆土起垄，缓坡平地、地下水位高的地区垄高30～50厘米；丘陵岗地、地下水位低的地区，垄高20～30厘米。

图5-1 土地深翻后平整

（4）苗种准备。桃苗栽植前，要进行种苗准备，一般选择生长健壮的一年生苗木，要求苗高不低于80厘米，砧木粗度不小于6毫米，根系发达且舒展，无病虫害。

（5）栽植技术。

前期处理。定植前要剪去苗木的损伤根和过密、过长根。苏北地区需将苗木根系用2%石灰水浸泡2分钟进行消毒；苏南地区全株喷洒3～5波美度石硫合剂消毒，20分钟后以清水冲洗苗木根系（图5-2）。

图5-2 修根和石硫合剂消毒

定植。在行上开挖能容纳苗木根系的定植穴。将苗木放入定植穴中央，砧桩背风，舒展根系，扶正苗木，填土踏实。在树干周围做直径50～80厘米的树盘，灌水浇透，覆土保墒。

栽植后应及时定干，定干高度为地平线上60～80厘米（包括垄高）（图5-3），剪口下20～30厘米内有3～5个饱满芽；定植后在离树干5厘米处，垂直插入直径2厘米左右的竹竿等物，用以绑缚固定苗木，防止歪斜。

图5-3　栽植和定干

65 桃露地栽培模式有哪些？

我国桃园的地形地貌涵盖了平原、丘陵、山地等各种立地条件，栽植密度从每亩22株（株行距5米×6米）至每亩333株（株行距1米×2米），树形有稀植大冠型、中密杯状型、中密度Y字形和高密主干型等（王志强等，2015）。

（1）稀植大冠型。在华北桃产区传统桃园多见。定植株行距（4～5）米×（5～6）米，采用多主枝开心形，各主枝均匀分布。这其中又可分为高冠整形和低冠整形两类：

高冠：一般为平原或缓坡丘陵桃区，年降水量相对较少，定植株行距（4～5）米×（5～6）米。为较传统的稀植大冠模式，主枝3～4个，主枝上再着生侧枝，侧枝上再着生结果枝组或直接着生结果枝，树冠成形一般需要3～4年，4～5年进入盛果期。主枝开张角度多30°～40°，树体高度3～4米以上（图5-4）。这种模式的特点是生产出的果实果个大，品质好。不足之处是整形修剪较复杂，进入盛果期相对较晚。近些年这种模式在逐渐减少。

图5-4　稀植高冠型（河北保定）

低冠：平原或缓坡丘陵桃区均有分布。采用5米 ×5米或4米 ×5米株行距定植，多采用3主枝自然开心形，干高50厘米以下，主枝开张角度50° ～ 60°，甚至更大，树体高度1.8米左右，修剪上采用短枝或长枝修剪，每棵树约160个果枝（图5-5）。这种模式的特点是树冠低，修剪、采果方便，但结果表面化，限制了产量的提高，且背上易萌发徒长枝，夏季修剪量大。

图5-5　稀植低冠型（江苏镇江）

（2）小冠开心型。这是目前我国应用最广泛的栽培模式，但在树冠整形、修剪方面，不同桃园之间存在较大差异（图5-6）。

高冠：在黄河流域桃产区较多见，尤其是近几年新发展的桃园。定植密度多采用3米 ×4米或3米 ×5米，主干高度30 ～ 50厘米，树体高度在3米以上，主枝延长头与地面夹角接近垂直。因树冠较高，行间有一定空间，行间通风透光条件相对较好，地面多采用小型机械耕作。部分果园采用自然生草。多采用3～4个主枝，主枝上配备中小型结果枝组或直接着生结果枝，结果枝数量150～200个。

中冠：黄淮、江淮地区平原和缓坡丘陵地区较多见。株行距3米×4米或3米×5米，树体高度2～3米，主干高50～60厘米左右。采用多主枝（多3～4个）自然开心形，主枝与地面夹角40°～50°。在修剪上，多采用重剪回缩，夏季修剪量大。一般定植后第4年左右进入盛果期。

低冠：山地桃园主要的栽培模式，也见于部分平原桃区。定植株行距多3米×4米，依地势地形稍有变化。多采用小冠开心形，主枝数3个左右，主枝上配有侧枝或直接着生结果枝组，3～4年树冠形成，4～5年进入盛果期。主枝开张角度50°～60°，树体高度约2米。产出果实果个、品质中等。

图5-6 小冠开心型（江苏常州）

（3）中等密度Y形。Y形的主要特点是采用与行向垂直的2个主枝，没有中心干，沿行看群体结构呈Y形，是否培养侧枝依株距不同而有所差别。

目前在一些较新发展的桃园有所应用，株距多为1.5～3米，行距为4～5米，树体高度多在3米以上。树冠上下均能结果，果实在树冠内分布较均匀，中下部透光较好，中下部果实也着色良好。地面由于为起垄栽培，多采用自然生草。一般2～3年开始结果，3～4年丰产，进入盛果期需4～5年（图5-7）。

图5-7 中等密度Y形（山东泰安）

（4）高密主干形。主干形的主要特点是保留中央领导干，结果枝或小型结果枝组直接着生在主干上。株距多为1～1.5米，行距1.8～2.5米，多为2米。行间耕作采用小型旋耕机。定植第二年树体高度达到1.5米，产量1500千克左右（图5-8）。这种模式由于投产快，前期产量高，在黄河流域及其以北新建桃园采用较多。由于后期的树势控制技术要求比较高，近年来该栽培模式正在减少。

图5-8 高密主干形（江苏丰县）

66 桃园宽行起垄关键技术有哪些?

(1)起垄前准备工作。于栽植前一年秋冬季全园耕翻，松土冻垡。土壤黏重的地区，起垄前全园撒施稻壳、秸秆、锯末、树皮、菇渣等有机物和每株50千克腐熟农家肥，用来改良土壤。肥力较低的沙壤土地区，起垄前按照每株50～80千克的用量全园撒施腐熟农家肥，增加土壤肥力(图5-9)。

图5-9　起垄前翻耕施肥

(2)单行起垄。地下水位高、年降水量大的地区宜采用单行起垄种植。缓坡平地、地下水位高的地区垄高30～50厘米，丘陵岗地、地下水位低的地区垄高20～30厘米，垄宽1.2米左右，南北行向，垄两端留空2～3米，供机械转向和行走。行距5～6米，两主枝Y形株距2米、三主枝自然开心形株距3～4米。每隔1行在行中间位置挖一条深15～20厘米的排水浅沟或埋设暗管(图5-10)。

图5-10　单行起垄

（3）双行起垄。地下水位低、年降水量少的地区宜采用双行起垄种植。每隔10～12米做成一垄，每垄种植两行桃树，垄两侧挖深60～80厘米的排水沟，南北行向，垄中间部位高出沟边30厘米左右，成“馒头”状，便于雨水流淌至两侧沟中。沟向内2～2.5米处定植植株，两行间距5～6米，两主枝Y形株距2米、三主枝自然开心形株距3～4米。垄两端留空2～3米，供机械转向和行走（图5-11、图5-12）。

图5-11 双行起垄

图5-12 不同起垄方式桃园比较

67 桃避雨栽培关键技术有哪些？

避雨栽培是将桃树种植在可控的环境下，避免雨水直接降淋到树体与果实上，基本克服了树体流胶，降低了病虫危害。此外，也使油桃、油蟠桃等“雨水敏感型”桃品种得到产业化应用。

（1）品种选择。可优先选择露地种植易产生裂果的优良油桃、油蟠桃、蟠桃品种，如紫金红1号、紫金红2号、紫金红3号、沪油018、金霞油蟠、银

河、玉霞蟠桃等。

（2）整形修剪。首选两主枝Y形，行距为4～5米，株距为2米，南北行向；两主枝间距10～15厘米，两主枝之间夹角45°左右，便于行间操作与小型机械行走；近主干处主枝配置2个小型结果枝组，其他部位直接着生结果枝；成龄树行间中午具有1米左右的“光带”，以改善通风透光，提高果实品质。

加强夏季修剪，种植当年通过摘心、扭捎、拿枝等方式控制主枝延长枝以外其他新梢的旺长，促进成花；冬剪时，疏除延长头附近的竞争枝和过密枝，保持单轴延伸；疏除伸向树冠内膛的徒长枝、背上旺枝和过密枝等；疏除过粗过大枝。遵循的基本原则：去强留弱，主枝上每15～20厘米保留1个结果枝，同侧枝条之间的距离一般在40厘米左右；所留果枝应以侧生、斜生的中庸枝为主，少量的背下枝，尽量不留背上枝，以30厘米以上的中、长果枝为主（图5-13）。

图5-13　避雨栽培常用树形

（3）水肥一体化。秋季落叶前施用1次腐熟有机肥；根据树龄、果实生长发育情况利用水肥一体化技术进行灌溉和施肥，提高肥料利用效率，增加肥效。幼龄树以氮肥为主；成龄树前期以氮肥为主，后期以磷钾肥为主。选择易溶于水、杂质少、对灌溉设备腐蚀微小的肥料。肥料须符合国家标准或行业标准、经肥料登记的可溶性肥料或纯度较高、溶于水后不产生沉淀的其他肥料。依据树体需肥、需水规律、目标产量、土壤墒情等，肥水结合灌溉。

（4）配套技术。

花果管理：注意监测温度，花期温度超过25℃时，及时打开门和顶膜通风，增加空气流动；天气晴好时，于盛花期采用疏花器疏除1/3左右花朵，减少养分消耗。根据品种特性，尽早疏果，合理负载；疏果时尽量保留枝条两侧果实，高温天气朝上果实可能产生日烧现象；设施内果实不需要套袋。

病虫害绿色综合防控：以农业防治和物理防治为基础，结合生物防治（图5-14）。采用宽行种植、长枝修剪，缓和树势，增加通风透光，减少病虫害发生；采用杀虫灯、粘虫板进行物理防治；采用性诱剂、迷向防控进行生物防治；加强清园消毒等农业防治；采用植物源杀虫剂、矿物源杀虫剂、低毒高效农药进行化学防治。

图5-14　避雨大棚内释放捕食螨和瓢虫

68 桃促早栽培的设施有哪些？

桃促早设施生产主要集中在黄河以北地区，如辽宁的营口、瓦房店、凌海，山东的莱西、寿光、莒县，陕西的渭南地区、河北的乐亭、安徽的砀山和江苏的丰县等地（俞明亮等，2019）。桃树设施栽培主要有温室和大棚两种形式。其中温室分为加温温室和不加温温室，大棚为分单体大棚和连体大棚。以安徽砀山和江苏丰县为代表的桃促早设施类型主要有水泥大棚、钢架大棚、水泥立柱钢拱结构大棚、土墙钢架日光温室、砖墙钢架日光温室等（徐秀丽等，2014）。

（1）水泥大棚。水泥大弯大棚的框架全部由水泥预制拱门和水泥柱组装而成。优点是结构牢固，稳定性好，使用寿命长，抗风雪能力强，棚面光滑，可双层覆盖，操作管理方便。造价相对较低，但是内有支柱，形成的大量阴影影响作业和通风透光，对桃树的生长有一定的影响（图5-15）。

图5-15　水泥大棚

（2）钢架大棚。苏北地区在桃设施栽培过程中逐渐发展出很有本地特色的设施类型，其中大跨度单栋钢架大棚比较有代表性。该大棚以粗钢管为骨架，塑料薄膜为覆盖材料，单栋跨度最大可达20米，较传统的大棚跨度更宽、高度更高，可利用的空间更多，而且大棚结构稳固，抗风险能力较强，优点很突出（图5-16）。

图5-16　有立柱钢架大棚

无支架钢架大棚：该类型大棚节省了支架的建设空间，大大方便了棚内作业，且室内通风和采光效果更好，对果实的成长可以起到良好的促进作用（图5-17）。

图 5-17 无立柱钢架大棚

（3）水泥立柱钢拱结构大棚。该类大棚吸取了拱形钢架大棚和立柱日光温室建造技术的优点，大棚抗积雪能力强，空间大，保温性好，方便多层覆盖。但是内有支柱，有大量的阴影，影响作业和通风透光（图5-18）。

图 5-18 水泥立柱钢拱结构大棚

（4）土墙钢架日光温室。土墙日光温室跨度一般在10～15米，墙体结构用土多次碾压砌筑，棚面骨架目前多采用全钢架焊接结构，保温材料一般选用每米2～3千克的大棚保温被，使用卷帘机拉放保温被。这种日光温室的优点是温室大棚造价较低，冬季大棚保温蓄热效果较好，后期使用维护成本较低（图5-19）。

图 5-19 土墙钢架日光温室

（5）砖墙钢架日光温室。砖墙日光温室跨度在8～16米，其墙体结构为红砖或混凝土发泡砖砌筑，墙体厚度一般为0.37～1米，其他结构与土墙日光温室基本一样，都是由全钢骨架、覆盖薄膜、保温棉被、卷帘机构成，如果使用几型钢骨架作为棚面支撑。砖墙结构坚固耐用，使用寿命可达20～25年。砖墙日光温室对土地利用率较高，地区适用性较强，特别适合地质复杂、水位较低、无法砌筑土墙的地区建设使用（图5-20）。

图5-20　砖墙钢架日光温室

69 桃促早栽培关键技术有哪些？

桃的品质是由内、外因素共同决定的，选用高品质、专用品种，采取综合措施增加光合积累、提高树体营养水平，促进营养合理分配与转化，是提高促早栽培桃、油桃品质的关键措施。

（1）品种选择。品种选择的基本原则是具备需冷量较低、花粉量大、自花结实率高、早熟、优质、丰产、耐弱光、耐湿、抗病等特性。目前应用于设施栽培的桃品种较多，如中油桃4号、中油桃5号、中油桃10号、中农金辉、早红2号、曙光、紫金红1号、紫金红3号、早红珠、五月火等油桃品种；春雪、春蜜、春美、金陵黄露、沙红等桃品种和早露蟠桃、瑞蟠13号、金霞早油蟠等蟠桃和油蟠桃品种。

（2）园地选择、规划及设施结构。桃设施栽培适宜在年平均气温为15℃以下的地区，土壤pH以5.5～6.5微酸性为宜，盐分含量≤0.1%，有机质含量宜≥1.0%，地下水位在1米以下。不宜在重茬地建园。

（3）栽植方式。苗木质量应符合一级苗的标准。栽植时间在秋季落叶后至次年春季桃树萌芽前均可，以秋栽为宜。常用株行距有1.5米×2.0米、1.5米×2.5米等。日光温室和大棚的行向均为南北行。沟宽、深均为60～80厘米。

（4）扣棚。中部地区，需冷量500小时的品种以12月下旬扣棚为宜，600小时的品种以1月上旬扣棚为宜，700小时的品种以1月中旬扣棚为宜。北部地区可适当早扣。

（5）温度、湿度及光照管理。以江苏丰县为例，在扣棚升温前20天左右，一般在设施内铺地膜升地温，使根系提早生长。从扣棚升温至开花前，棚内最高温度不超过28℃，最低温度不低于3℃，并且升温应循序渐进，花期至幼果期棚内温度严禁超过25℃，最低不能低于5℃，设施桃不同生育期的适宜温度、湿度及光照管理见表5-1（王力荣，2011）。

表5-1　设施桃生育期适宜条件及管理措施

生育期	温度/℃			相对湿度/%	主要栽培管理措施
	适宜范围	最高	最低		
催芽期	10～20	28	0	<80	休眠结束后扣膜催芽，逐步升温
萌芽期	15～22	25	0	<70	灌水后地膜覆盖，提高地温
始花期	18～22	25	5	50～60	白天注意通风降温，夜间注意放苫保温
盛花期	18～22	22	5	50～60	注意通气，切忌高温多湿
生理落果期	18～22	25	5	50～60	降湿
新梢速长期	18～22	25	10	50～60	灌水
硬核期	18～22	25	10	50～60	晴天注意放风
果实膨大期	20～25	25	10	50～60	铺反光膜
果实着色期	25～28	28	15	50～60	逐步去掉棚膜，张挂反光膜、注意吊枝、拉枝、摘叶、转果
采收期	25～28	30	8		采收前10天禁止灌水

（6）肥水管理。落叶前1个月前施入基肥，以农家肥为主。硬核后果实再次快速生长开始后追肥，以氮、钾肥为主，适当配施磷肥；果实采收后回缩修剪时施入氮磷钾复合肥。萌动期、果实膨大期和落叶后封冻前及时灌水。

（7）整形修剪。促早设施桃树形主要有主干形、二主枝开心形。主干形总高度1.5～2米。二主枝开心形两主枝与地面呈45°左右夹角延伸。在果实采收后1周内将结果枝回缩到基部两芽处，保留短枝、弱枝上的叶片。

（8）花果管理。设施内无自然风、湿度大，需进行辅助授粉，通常采取放蜜蜂和人工授粉（图5-21）。人工授粉可用鸡毛掸子快速轻蘸开花的枝条。也可在大蕾期采集花粉，用质软具弹性、吸附性的铅笔橡皮头、毛笔等蘸取花粉点授。蜜蜂授粉在开花前8～10天，每棚放置2～3个巢箱。疏果从落花后2周到硬核期前进行。长果枝留3～4个，中果枝留2～3个，短果枝、花束状短果枝留1个或不留，延长枝上不留或少留。丰县地区平均每株树保留50～60个果，单果重150克左右，亩产量控制在2000～2500千克。

图5-21　花期人工授粉

（9）合理调控营养生长。通过摘心、使用生长调节剂，适度控制营养生长，如丰县地区一般在大棚桃修剪后，在6月底至7月初和大花蕾期各喷布1次15%多效唑可湿性粉剂120～150倍液，以控制新梢生长、提高坐果率（徐秀丽等，2014）。

（10）病虫害防治要点。设施桃树病虫害主要有桃细菌性穿孔病、褐腐病、蚜虫、红蜘蛛、梨小食心虫等。防治桃细菌性穿孔病的药剂有噻霉酮、四霉素、噻唑锌等；防治桃褐腐病可用嘧菌酯、咪鲜胺、晴菌唑等药剂。防治蚜虫突出一个“早”字，关键防治时期是花露红期和落花后，可用吡蚜酮、噻虫嗪、螺虫乙酯、氟啶虫胺腈等药剂；防治红蜘蛛可用哒螨灵、阿维哒螨灵等药剂；防治梨小食心虫重点要适期防治，可以在田间查找发现有个别折梢时立即防治，可用氯氟氰菊酯、氯虫苯甲酰胺、灭幼脲等药剂。

 如何克服桃树重茬？

桃树重茬种植会出现严重的树势衰弱、产量降低、品质下降，树体寿命缩短，经济效益显著下降。桃树再植障碍的发生是因多种因素相互关连、相互作用的结果，王志强（2009）提出在克服果树再植障碍时，必须综合考虑各种因素，因地制宜，根据具体情况采取综合防治措施。

（1）大苗、壮苗或容器苗定植。生产上在老桃园地建新桃园时，最好选择壮苗、大苗定植，如果有条件最好定植容器苗。具体方法是：在定植的前一年春季萌芽前，将选定的品种苗木栽在大小适宜的容器里（图5-22）。栽植在容器内的桃苗成活后要加强肥水和病虫草害管理，使其正常生长，当年秋冬季或翌年春季即可移入田间。

图5-22 营养钵桃苗

（2）改善再植土壤微生态环境。

合理清园：老桃园更新或苗木出圃后，应尽量清除残根、落叶和园周围杂草，集中烧毁或深埋。

深耕改土： 如果桃园更新后需立即在原地建园，应先进行土壤深翻、整地、清除残根。有条件的桃园可在深翻后将地块间歇灌水60天（赵宝明等，2015）。栽植时尽量避开原来栽果树的位置，确定株行距，并在新定植穴内结合施用有机肥进行改土或引入客土。

土壤消毒： 如不能换土，则尽可能进行土壤消毒以消除或削弱再植病害。

土壤消毒方法主要有化学药剂消毒、高温消毒、太阳暴晒消毒等。化学药剂消毒通常是用氰氮化钙、溴甲烷、硫磺粉等（翁佩莹和郑红艳，2020）。

合理施肥： 施用有机肥必须经充分发酵、腐熟后，否则易导致土传病害的发生。在施肥时尽量不要使用单一肥料，要合理施用化肥。另外，在施肥时添加1%生物质炭（范洁群等，2017），或者施用微生物肥对老桃园新栽桃苗的连作障碍有较好的调理效果（刘涛等，2019）。

施用生石灰： 施用生石灰，可以调节土壤酸碱度，改良土壤理化性状，削弱由氮、钾过量引起的再植病。每亩地石灰用量100～150千克，撒施于地面并加以深翻。

（3）休耕或插作农作物。 休耕或插作农作物是国内外早已普遍采用的措施，最好是休耕或插作1～2年生农作物两年以上，每年至少耕2次，翻晒土壤，并注意增进土壤的排水和培肥，改善土壤通气状况，有条件的地区可执行水旱轮作，然后再重建果园或苗圃。

（4）老桃园套栽小苗重茬建园。 对于适度稀植的桃园，通过重度回缩修剪留出足够的空间，在行间或株间套栽小苗，1～2年之后再砍除老树，是一种有效的老桃园更新建园技术。

（5）选用抗性砧木。 选用抗性砧木可提高果树对环境的适应性，增强桃树对病虫害的抵御能力。可选择红根甘肃桃、中桃砧1号、GF677等作为砧木，能提高桃树抗重茬能力。

71 桃的枝条可分为哪几类？

桃枝按其主要功能可分为生长枝和结果枝两大类。

（1）生长枝。 生长枝按生长势不同，又可分为发育枝、徒长枝和单芽枝。发育枝生长势强，粗度为1.5～2.5厘米，有大量的副梢。发育枝及其副梢上虽能形成少量的花芽开花结果，但其主要功能是形成树冠的骨干枝或中大型结果枝组。徒长枝是指生长势过旺而不充实的枝，一般表现节间长、皮层薄、腋芽不饱满、髓大。单芽枝极短，1厘米以下，只有一个顶生的叶芽，萌发时只形成叶丛，不能结果；当营养、光照条件好转时，也可抽生壮枝，用作更新。

（2）结果枝。桃的结果枝按其长度可分为徒长性结果枝、长果枝、中果枝、短果枝和花束状果枝。

徒长性果枝：长度在60厘米以上，生长较旺，有少量副梢；徒长性果枝上的花芽一般着生节位高、质量差、坐果率低，但也有不少品种结果较好；徒长性结果枝由于生长势强，在结果的同时可抽生较壮新梢，用于培养健壮枝组。

长果枝：长30～60厘米，粗0.5～1厘米，生长适度，一般无副梢；枝上花芽比例多，花芽充实，多复花芽，是多数品种的主要结果枝；长果枝于结果的同时还能抽生生长势适度的新梢，形成新的果枝，保持连续结果能力。以上海水蜜、白花、雨花露等为代表的南方水蜜桃品种多数以长果枝结果为主。

中果枝：一般长15～30厘米，无副梢，花芽比例多而充实，结果能力较强。

短果枝：长度为5～15厘米，有不少品种主要以短果枝结果；多分布在树冠内膛和结果枝组的下部，除顶芽为叶芽外，大部分着生单花芽。以深州蜜桃、肥城桃、五月鲜等为代表的北方蜜桃、硬肉桃品种多数主要以短果枝结果。

花束状果枝：长度在5厘米以下的结果枝，多单花芽，有的叶腋间均为花芽，只有顶端有一个明显的叶芽，结果后发枝能力差，易衰亡。

72 什么叫长枝修剪？

（1）长枝修剪的定义。长枝修剪方法（李绍华等，1994）相对于以短截为主、“枝枝过剪”的传统修剪方法，长枝修剪方法对结果枝基本上不进行短截，主要采用疏剪、缩剪、长放的手法，修剪后所保留的一年生果枝的长度较长，故称为长枝修剪（图5-23）。

图5-23　桃长枝修剪

（2）技术优点。调查中发现长枝修剪有以下优点：①长枝修剪有利于缓和树体枝梢的营养生长势，有助于维持树体的营养生长和生殖生长的平衡，特别是生长过旺的果园，在控制幼树过旺生长方面效果明显；②有效改善树冠内光热微气候生态条件，增强树体通风透光，明显提高果实品质；③克服了传统修剪技术复杂的缺陷，操作简便，容易掌握；④缓和树体生长势，夏季徒长枝和过旺枝少，冬季修剪量少，省时省工；⑤采用长枝修剪后，优质果枝率增加，花芽质量高，有利于提高花芽、花朵对早春晚霜冻害的抵抗能力，树体的丰产和稳产性能好；⑥促进内膛枝更新复壮，能有效地防止结果枝的外移和树体内膛光秃。

（3）注意事项。桃树长枝修剪时应结合实际情况，根据树势生长、树体结构、树龄、立地条件等灵活运用修剪方法，达到修剪效果。从理论上分析，长枝修剪适用于大多数桃树品种。夏季修剪主要修剪方法为“去伞、开窗、疏密”，改善光照条件；冬季修剪时对生长势旺的树延长头甩放，疏除徒长枝和旺枝，留中庸枝、水平与下垂枝，延长头顶部以下50厘米不留结果枝；中庸树短截至健壮副梢处；弱树带小橛延长，即对延长头短截，小橛保留长度10～15厘米，并留健壮副梢。果枝选留以去强留弱为原则，在下部枝条衰弱、数量很少的情况下为了增强生长势，可少量短截部分过弱枝条（宋宏峰等，2011）。

长枝修剪的技术要点有哪些?

（1）幼树的整形修剪。

定干：根据树形干高，长留10厘米左右剪定。整形带内，三主枝树形须具有6～8个饱满芽，二主枝树形需具备4～6个饱满牙，主干形需具备1～2个饱满芽。

选留主枝：①三主枝自然开心形。待新稍长到20厘米时，选留4～6个壮梢，其余全部去除，新梢长到30厘米时，选留3～4个长势均衡、分布均匀的新梢作为主枝培养，其余全部去除。②两主枝Y形。新梢长到30厘米时，选留2个长势均衡、向行间生长、主干上着生距离大于10厘米的新梢作为主枝培养，其余全部去除。当主枝长到50厘米时，使用竹竿等支撑物绑缚固定主枝生长角度。③主干形。待新梢长到30厘米时，选留1个直立的壮梢作为中心干培养，其余新梢全部去除，使用竹竿等支撑物绑缚使得主枝直立生长。

夏季修剪：及时去除主干上的萌蘖。5月以后，对主枝上新萌发的强壮副梢进行摘心、扭梢，对于内堂直立枝需疏除。主干形树形要进行扭梢处理。

冬季修剪：主枝延长枝剪去全长的1/3～1/2，主枝开张角度小的，剪口芽留外芽，开张角度大的，剪口芽留侧芽。对于其他枝条，甩放或疏除，原则是去强留弱（图5-24），一般主枝上每15～20厘米保留1个结果枝，其余的枝均疏除。生长旺盛的树要轻剪，保留枝量要多，而生长较弱的树修剪要重，保留枝条要少。

图5-24　桃幼树冬剪要去强留弱

（2）二、三年生幼树整形修剪。

夏季修剪：春季及时抹芽，分别在5月中旬和7月中下旬进行2次夏季修剪。扭梢和疏枝，对树冠内膛过密枝、徒长枝和延长头的竞争枝，进行疏除。

冬季修剪：生长势旺的树骨干枝延长头甩放，疏除徒长枝和直立旺枝（图5-25），留中庸、水平与下垂枝，延长头顶部以下50厘米不留结果枝；中庸树骨干枝延长头短截至健壮副梢处；弱树骨干枝延长头带小橛延长，即对延长头短截，小橛保留长度10～15厘米，并留健壮副梢。

图5-25　二、三年幼树冬剪重点疏除徒长枝和直立旺枝

（3）成龄树修剪。

夏季修剪：夏季修剪主要采用疏枝的方法，疏除树体上部或骨干枝上的徒长梢，疏除骨干枝上过密的结果枝组，疏除过密的新梢。对于树体内膛等光秃部位长出的新梢，应保留一定的长度进行剪梢。

冬季修剪：果枝修剪以长放、疏剪、回缩为主，基本不短截。下部枝条衰弱、数量很少的情况下，为了增强下部枝条的生长势，可少量短截部分过弱枝条，而对于其他枝条甩放或疏除。

结果枝组的更新：第一种方式是利用前一年甩放后在一年生枝基部发出的生长势中庸的背上枝进行更新。修剪时采用回缩的方法，将已结果的母枝回缩至基部的健壮枝处更新。第二种方式是利用骨干枝上发出的新枝更新，如果在骨干枝上着生结果枝组的附近已抽生出更新枝，则对该结果枝组进行全部更新，使用骨干枝上的更新枝代替已有的结果枝组。

 衰老期桃树如何修剪？

桃树进入衰老期后会出现树势衰弱的现象。衰老树的更新修剪，主要任务是恢复树势，维持产量，延长结果年限。一般在延长枝生长量短于20厘米左右时开始为宜，如等到树势过度衰弱再更新，效果不佳。

（1）加重缩剪。骨干枝缩剪比盛果期加重，促使抽生健壮新梢和结果枝；依衰弱程度可缩剪到1～2年生骨干枝部位，并可逐年缩剪至3～5年生部位。但缩剪时，骨干枝仍然要注意保持主侧枝间的从属关系，也可用位置适宜的大枝组代替衰弱的骨干枝。

（2）留徒长枝。桃潜伏芽寿命短，下部光秃后补充较困难，因而衰老树内膛发生的徒长枝一般不疏除，多选留、培养着生位置适宜的徒长枝，用于填补空缺部位或更新衰老骨干枝。对徒长枝最好在当年生长期内就进行控制与培养。当把徒长枝作骨干枝用时，可在长至40～50厘米时摘心或剪梢，促使副梢萌发生长，然后选方位、角度合适的副梢作为延长枝培养。到生长后期，疏去直立的强旺副梢，并对留下的副梢摘心1～2次，促其发育成熟。冬剪时，对作延长枝的副梢剪留1/2～2/3，疏去竞争枝。这样，1年就可形成二级主枝和侧枝。

（3）更新枝组。加重树冠内膛的结果枝组的缩剪更新，多留预备枝，疏除细弱枝，使养分集中于有效果枝，以延缓衰老年限，维持经济产量，待失去经济价值时，及时进行全园更新。

75 为什么要重视夏季修剪？

夏季修剪又称生长期修剪，可有效调整延长枝的长势和方向，控制枝条旺长，培养结果枝组，改善通风透光条件，降低成花部位，延长结果寿命。夏季修剪可在整个生长季节中多次进行，最好进行3～4次。

（1）夏剪可控制枝条徒长。桃新梢上的叶芽在生长期间可再次萌芽抽生2～3次枝梢，且多数2～3次枝梢发生的部位又偏高且远离主枝，因此在冬剪中要剪掉，以免造成树体不必要的营养消耗。夏剪时通过及时摘心、扭梢，可有效减少不必要的养分消耗，使养分集中供应枝条下部，促其形成饱满花芽。

（2）夏剪可改善树体通风透光条件。桃树的顶端优势十分强劲，使树体外围枝叶密集，遮风挡光。通过夏剪可改变通风和光照条件，使内膛枝有一个良好的光照生长环境。

（3）夏剪可提高新梢中下部成花率。桃花芽多形成于中、长枝的中上部，易造成结果部位外移和树冠的快速扩张，而内膛则比较空虚，降低了结果寿命。夏剪可促进成花部位降低到枝条中下部，从而使树体上下、内外平衡，把冠幅控制在一定的范围，达到延长结果寿命的目的。

（4）夏剪可促进幼树早成形。合理的夏季修剪可及时除去多余的枝、芽，提高养分利用率，使幼树早成型、早结果。

76 桃树如何进行高接换头？

（1）高接树的选择与准备。尽量选择树龄7～8年、树干未出现腐朽的桃树。高接当年，于萌芽前先从基部疏除桃树上所有结果枝及小枝组，只保留生长健壮的3～4个大主枝或大型枝组，将其回缩至粗度小于3.3厘米处以备嫁接。修剪伤口用封口漆进行涂抹保护。

（2）高接时期与方法。春季和秋季均可进行，提倡春季萌芽时嫁接；量大时可在秋季先进行枝腹接，春季再进行补接。一般在主干背上位置进行嫁接，嫁接薄膜包扎时，除嫁接芽需要裸露外，其余伤口应全部封闭。

（3）接穗的选择。接穗最好随采集随嫁接。于母树落叶后到萌芽前，采剪树冠外围上部的当年生、花芽饱满、健壮无病虫害的长结果枝。采后需贮存的接穗，需要用地膜紧密包二层，上、下扎紧，整齐竖放在冷库内，不定期检查以防发霉和变干。

（4）提高成活率的关键措施。早春嫁接后，为防止倒春寒天气影响，应及时套上保鲜袋保护嫁接芽。待出芽后及时拆袋，以免影响嫩枝生长。春季嫁接后10～15天未成活部位应及时补接，可有效避免死芽缺枝现象，保证嫁接当年树冠的及时恢复。

（5）接芽成活后的配套管理。春季接芽成活后，及时抹除原品种芽。当接芽成活后及时摘心；重新抽发的二次枝中，选留3～4枝均匀分布即可，抹去多余枝，培养树冠；在摘心部位萌发的二次枝中，视枝条走向情况选留1枝作为延长头培养，其余分枝继续摘心促发三次枝，迅速恢复树冠；二次枝抽发期，应及时追肥；长势过旺植株可适当采取促花措施，如停梢后叶片喷施0.2%磷酸二氢钾；冬季落叶后，采用长枝修剪技术进行修剪，并于次年加强病虫防治（江国良等，2019）。

图5-26　高接换头效果

77　郁闭桃园如何改造?

桃树生长量大，生产上如果定植过密，骨干枝数量过多，保留枝条过密很容易造成园内郁闭。因此，改造树体结构，减少骨干枝数量，改善园内的通风透光性能，是全面提升密闭桃园的主要任务。

（1）桃园群体结构调整。

间伐：对于树形为三主枝开心形的桃园，若行距小于4米，株距小于3米，4～6年以后株行间骨干枝就可能严重交叉；对于主干形桃园，若行距小于3米，株距小于2米，4年以后株行间骨干枝就可能严重交叉。对于这样的桃园原则上需要间伐，具体情况灵活掌握，可选择隔株间伐或者隔行间伐（图5-27）。

同时采用多种树形：采用三主枝开心形的桃园，若主枝已经出现交叉，可在冬季修剪时构建2种树形，1株树留3～4个主枝，邻株树留2个主枝，以更好地打开光路。

永久株和临时株：改造时要确定永久株和临时株。对临时株进行控制，为永久株让路，适当时候进行间伐。

隔行间伐

隔株间伐

图 5-27　不同间伐方式

间伐前

间伐后

图 5-28　隔行间伐后效果

（2）树体个体结构调整。

骨干枝调整：每亩大骨干枝数量保留100～200个。原则上不留侧枝，直接在主枝上留小枝组和结果枝。先疏除直立、重叠、严重影响光照的骨干枝，其次疏除病弱的和过低的骨干枝。1年内疏除的骨干枝数量不能超过现有数量的1/3。

主枝回缩换头：对过高的主枝（3米以上），如果树体上部具有粗度达到着生处主枝粗度1/3、长果枝数量10个以上的健壮大型枝组，可在该枝组处落头；如果树体中部具有粗度达到着生处主枝粗度1/3、长果枝数量25个以上的健壮侧枝，也可在该侧枝处落头。在上述2个条件都具备时，以一次性落到树体中部的侧枝处为宜。不符合上述2个落头条件的，在主枝中上部需要培养后备主枝，原主枝头上尽量多保留结果枝，并疏除徒长枝和较大枝组，削弱原头的生长势，待达到上述主枝回缩换头的条件时再换头。

后备主枝的培养：选择位置适宜的、生长势健壮的枝组，按主枝延长头的培养方式培养。在没有合适枝组的情况下，选择1个壮条适当短截，按主枝延长头的培养方式继续培养。

主枝角度的调整：成年树主枝角度调整到45°左右，可采取回缩换头、撑、拉等措施，以便控制生长势。

（3）枝组的调整和处理。同侧大型结果枝组要保持80厘米以上的间距，以留侧生、斜上生的结果枝组为主。大枝组之间配备中、小枝组。株距小于2.5米的，主枝上只配备中小枝组。大、中、小枝组排列错落有致，呈锯齿状。直立的主枝，以选留或培养两侧和斜下的枝组为主；开张的主枝，以选留或培养两侧和斜上的枝组为主。缺少枝组的主枝，要选择两侧健壮的枝条，进行短截或长放，培养枝组。

（4）其他注意事项。在大树改造的过程中，要本着“简化、减量、逐步”的原则，逐步进行，不能操之过急，对于树体过于上强下弱或极端郁闭的果园，树体改造应分2～3年完成（安六世和靳志强，2012）。

78 桃园地面管理的方式有哪些？

桃园传统的地面管理方式为清耕，20世纪50—60年代广谱性除草剂出现，应用越来越广泛，造成许多问题。生草果园和覆盖作物的果园直到19世纪末才在美国出现，由于具有诸多优点，目前在我国桃园地面管理中的应用越来越普遍。

（1）清耕。清耕是我国桃园地面管理的传统方式，可维持疏松的土壤结构，控制杂草生长。清耕法一般有秋季的深耕和春夏季的多次中耕及浅耕除草，可使土壤保持疏松，微生物活跃，有机物质分解快，土壤中的养分生物有效性较高（图5-29）。但如长期清耕，也会使土壤有机质减少，土壤结构变坏，影响果树生长发育。目前清耕在我国桃产区的应用已经越来越少。

图5-29 常见的清耕桃园

（2）生草。果园生草栽培是果树行间或全园种植一年生或多年生草本植物的果园土壤管理方法。果园生草栽培模式主要有全园生草和行间生草（图5-30），生草方式分为人工生草和自然生草（图5-31）。

图5-30 全园生草和行间生草

图5-31 人工生草和自然生草

（3）覆盖。可分为有机覆盖和无机覆盖两种。有机覆盖材料包括干草、秸秆、锯末等；无机覆盖材料主要有地膜和园艺地布。覆盖可以全园覆盖，但一般仅覆盖树下（图5-32）。在高密果园中行内覆盖，行间生草，称为生草-

覆盖法。

图5-32 不同的覆盖方式

（4）免耕法。即用除草剂控制杂草生长（图5-33）。事实证明，桃树对多种除草剂比较敏感，除草剂的不当使用已经给桃产业带来严重危害：一是导致树势严重衰弱，产量和品质下降，甚至死树；二是诱发或加重树干或枝条流胶，进而导致树势衰退或死亡；三是导致新栽树苗死亡，建园失败。

图5-33 使用除草剂控制杂草

79 桃园为什么要生草?

要提高地上的果实品质，必须首先提高地下的土壤品质。土壤品质即土壤综合肥力，其中土壤有机质含量的高低是评价土壤综合肥力的核心指标（陈学森等，2017）。果园生草对土壤综合肥力的提高有一定作用。

（1）生草能提高桃园土壤综合肥力。

生草对桃园土壤有机质的影响程度与草的种类、土层深度有很大关系。如豆科牧草有助于果园土壤氮素的积累，而禾本科牧草有助于土壤有机质的提高；生草能提高桃园表层土壤有机质含量及其固碳潜力，增强土壤对有机碳的保护和碳汇作用。

生草对土壤N、P、K等矿质营养元素含量能产生显著影响，生草初期的确存在草与果树争肥的问题；但经过3～7年生草后，土壤N、P、K等主要矿质营养元素呈恢复性增长，与清耕相比，其有效养分得到明显提高。

随着生草年限的增加和土壤有机质含量的提高，土壤理化性质和通气性改善，土壤抗蚀力、涵养水源能力、供肥保肥能力和养分有效性等同步提高（图5-34）。同时，生草对土壤的盐碱性具有一定调节作用（王艳廷等，2015）。

图5-34 生草后桃园表层土团粒结构明显改善

（2）生草能促进果树生长，提高果实品质。生草后，果树叶面积增大，产生的叶绿素增多，提升了光合作用效率。在桃园水分不足时，生草可以在一定程度上维系土壤中的水分，使得土壤中的含水量充足，进一步提升光合效率。光合作用产物的积累是果实发育的基础，生草可以提升果实的甜度、品质，同时，通过科学生草可有效减少裂果发生，提升优质果品的产量。

（3）生草利于病虫害防控。生草可改变果园生物群落结构，丰富了生物多样性，形成了一个相对比较稳定的复合系统，为天敌的繁衍、栖息提供场所，增加了天敌种类和数量，从而减少了虫害的发生，起到了生物防治的效果（图5-35）。

图5-35　桃园种紫云英后瓢虫明显增多

（4）生草能调节桃园小气候。果园生草后，改传统清耕果园的土壤-大气接触模式为土壤-牧草-大气新模式，可以提高果园的空气相对湿度，在低温季节具有增温作用，高温季节具有降温效应。因而生草果园的土壤温度变幅小于清耕果园，从而达到调节环境温、湿度的效果，这将有利于果树的生长和对水肥的吸收利用。

（5）生草能减工增效。据测算，采用自然生草，机械刈割的办法管理杂草，其用工量只有清耕除草的20%左右，降低了果园管理的劳动强度；同时，当果园施肥过多时，果树来不及全部吸收而流失会造成浪费和环境污染，而生草则可以吸收多余的肥料，并转化为有机质，腐烂后供果树长期吸收使用（王志强等，2018）。

80 桃园生草关键技术有哪些?

（1）人工生草技术。

草种选择：草种选用原则为生物量大，有利于桃园土壤培肥，适宜有益生物栖息与繁衍，茎秆低矮、纤细，容易刈割。以江苏为例，山地桃园可以本地优势低矮草种为主，适当混播部分商业草种；土壤条件好的桃园宜种植鼠茅草、多年生黑麦草、早熟禾、白三叶等；土壤条件较差，地力需要培肥的桃园宜播种一年生黑麦草、毛叶苕子、鼠茅草等；兼具观光功能的桃园宜选用紫云英、白三叶、鼠茅草等（表5-2）。

土壤准备：选择小型旋耕机等，旋耕疏松10～20厘米土层土壤，并进行土地平整。旋耕机旋耕一遍后土块仍较大的桃园可多次旋耕，同时人工清除土壤中砖石、大枝干等地表杂物，确保土壤平整疏松。

播种时间：秋播后地表覆盖时间长且牧草全年生物量大，建议秋播为主。苏南地区宜在9月下旬至10月中旬，苏北地区宜在9月中旬至10月上旬。选择在有效降雨前进行播种，以提高发芽率。人工生草桃园，秋季施基肥时间宜适当提前，避免种草后运肥器械碾压影响草的正常生长。

播种方式：可条播，人工或利用小型条播机械播种，行距15～20厘米；撒播时采用小型播种机或人工手撒播种，将草种均匀撒在土壤表面。人工成本高的桃园宜撒播；土壤黏重地块，播种深度宜浅，壤土和沙壤土地块，播种深度可稍深。小粒种子播种深度宜浅，大粒种子播种深度可稍深。播种量见表5-2。

表5-2　适宜人工生草草种的生物学特征

草种名	科名	属名	生活型	茎特征	根系特征
一年生黑麦草	禾本科	黑麦草属	一年生	直立	须根系，入土浅
多年生黑麦草	禾本科	黑麦草属	多年生	直立	须根系，入土浅
毛叶苕子	豆科	野豌豆属	一年生	半直立	直根系，入土较浅
白三叶	豆科	三叶草属	多年生	匍匐	直根系，入土浅

（续）

草种名	科名	属名	生活型	茎特征	根系特征
杂三叶	豆科	三叶草属	多年生	半直立	直根系，入土浅
紫云英	豆科	黄耆属	一年生	半直立	根蘖型，入土较深
鼠茅草	禾本科	茅属	一年生	直立	须根系，入土浅
草地早熟禾	禾本科	早熟禾属	多年	直立	须根系，入土浅

播后管理：条播后用钉耙搂土覆盖。撒播后用钉耙进行同一方向轻耙，将种子耙入土中，或者使用扫把将草种与土扫匀；播种后，应采用喷灌方式及时浇水1次，以保持20厘米以内土层的土壤湿润。播种后2天内若出现有效降雨则可以不浇水；春夏季人工拔除高秆、硬秆、爬藤类恶性杂草，选留矮秆草类。首次人工生草或者土壤肥力较低的桃园，草高度达10厘米左右，每亩撒施尿素或复合肥2.5～4千克。为保证生物量，牧草刈割后可在下雨前撒施少量化肥。

刈割利用：秋播当年不进行割刈，具体时间根据草的高度，生长周期等决定。人工生草的草层高度超过40厘米时宜使用自走式割草机或割灌机刈割。刈割次数见表5–3。刈割后容易收集的草覆盖在垄上或者树盘下，或者撒于原处，也可收集起来沤制堆肥。

表5–3　适宜人工生草草种的种植与管理方法

草种名	适宜播种量 / 千克 / 亩	播种方式	播种深度 / 厘米	年刈割次数 / 次	留茬高度 / 厘米
一年生黑麦草	3～4	条播或撒播	1～2	2～3	8～10
多年生黑麦草	3～4	条播或撒播	1～2	1～2	8～10
毛叶苕子	4～5	条播或撒播	3～4	0～1	5～8
白三叶	1～2	条播或撒播	1～1.5	0	
杂三叶	1～2	条播或撒播	1～1.5	0	
紫云英	1.5～2	条播或撒播	1～2	0～1	5～8
鼠茅草	1～2	撒播	1～1.5	0	
草地早熟禾	2～3	撒播	1～1.5	1～1.5	8～10

（2）自然生草技术。

草种选择原则：草种来源宜为本地土著草种，选择无木质化或仅能形成半木质化茎、须根多、茎叶匍匐、矮生、覆盖面大、耗水量小、适应性广的草种，以一年生草种为主。

常见良性自然草种：宝盖草、牛繁缕、阿拉伯婆婆纳、球序卷耳、马唐、虱子草、虎尾草、荠菜、狗尾草、野糜子、地绵草、看麦娘、狗牙根、早熟禾等。

常见恶性自然草种：藜、苋菜、苘麻、飞廉、小蓟、茅草、葎草、萝藦、菟丝子、牵牛花、苍耳、曼陀罗等。

自然生草管理：草长到一定高度后进行刈割，控制草的高度不超过40厘米。刈割可采用自走式割草机、秸秆还田机或割灌机。高秆杂草和攀缘性杂草应及时清除。定向培育良性草种，每年9—10月行间翻耕一次，长出越冬草种，翌年春末夏初，越冬草种成熟结实并枯死，夏季草种长出，并逐渐繁茂，占据优势，直至秋季成熟枯黄。连续多年，形成可持续、良性生态循环。

不同草在桃园中的表现见图5-36。

图5-36 不同草在桃园中的表现

81 桃园养分如何管理？

中国桃的产区分布范围广、地方品种多，桃树的生长节律、对养分需求等都有地域性特点，因此，在集约化栽培经营条件下，如何因地制宜地进行桃树养分的科学管理是桃树生产的关键问题之一。

（1）桃树的营养需求特性。桃树生长的不同时期对营养的需求在种类和数量、时间和空间上存在差异，幼龄期对施肥敏感，初果期是由营养生长向生殖生长转化的关键时期，盛果期需肥量大，而在衰老期需促其更新复壮，因此协调好桃树的营养生长和生殖生长是桃树施肥的主要目标。在年周期中，可分为利用贮藏期、贮藏养分和当季养分交替期、当季营养期和营养积累贮藏期等4个时期。由于桃树有贮藏营养的特点，其养分管理与其他果树有很大差别。桃树比较耐瘠薄，对氮、磷、钾三要素的吸收比例大体为100：（30～40）：（60～160）。

（2）营养元素与桃树生长。N、P和K是桃树生长必需的大量营养元素，通常需通过施肥才能满足高产的要求。一年内的N吸收最大值在营养生长高峰期和果实成熟期。落叶前，树体吸收的N从叶内转移到木质组织中并被贮存起来，在下个生长季节使用。桃树对N和K都比较敏感，因此，根据不同地区、不同桃树品种特性和不同的肥料种类，提出在适宜的时间、以适宜的方法施用适宜数量的氮钾肥和其他肥料，是增加果实产量、提高果实品质的关键。

（3）桃园养分管理。桃树正常生长结果需要氮、磷、钾、钙、镁、硫、铁、锰、硼、锌、铜、钼、氯、镍14种必需矿质元素与硅等有益元素。树龄不同需肥特性不同，幼年和初果期树易出现因氮素过多而徒长和延迟结果现象，需要适当控制氮素和增加磷肥促进根系发育，氮（N）、磷（P_2O_5）、钾（K_2O）可按1：1：1的比例供应。盛果期桃树需钾量显著增加，每生产100千克桃果约需吸收氮0.46千克、磷0.29千克、钾0.74千克。施肥时可参考以上数据并根据土壤分析、植株营养诊断与肥料利用率确定施肥的数量与比例（彭福田，2014）。

82 桃园水分如何管理?

桃树在以下几个生育期对水分供应比较敏感，若墒情不够，应及时灌溉（彭福田，2014）。

萌芽至花前：此期可灌1次足水，水量以能渗透地面深度达80厘米左右为宜，尤其是北方，由于经常出现春旱天气，所以必须灌足水，以促进萌芽开花及提高坐果率。

硬核期：此时是新梢快速生长期及果实的第一次迅速生长期，需水量多且对缺水极为敏感，因此必须保证水供给，北方地区灌水量以湿润土层50厘米为宜；而南方地区正值雨季，可根据实际情况确定。

果实膨大期：此时正值果实生长的第二次高峰期，果实体积的2/3是在此期生长的，如果此时不能满足桃树对水分的需求，会严重影响果实的生长，体积变小，品质下降；水分供应充足，有利于果实的生长，增大体积又提高品质。在果实发育中后期应注意均匀灌水，特别是油桃园，应保持土壤良好、稳定的墒情，如在久旱后突灌大水易引起裂果现象的发生。

果实采收后：此期根据土壤墒情适当灌一次水，要延缓叶片脱落，有利于花芽分化和树势恢复。

秋灌：应结合晚秋施基肥后灌1次水，以促进根系生长。

冬灌：北方地区一般在封冻前灌1次封冻水，以保持严冬超过计划蓄积充足水分；若冬季（封冻前）雨雪多时可以不冬灌。

灌溉的方法有沟灌、树盘浇水、喷灌、滴灌等，具体方法可根据当地的经济条件、水源情况、水利设施条件以及地形等综合考虑。总的要求是节约用水，并保证水分能及时渗透到根系集中分布的土层，使土壤保持一定的含水量。如果条件许可，尽量使用滴灌或涌泉灌等管道灌溉法，因为这种方法不仅节约用水，对地形地貌要求不高，特别适合山区丘陵果园，而且可以很方便地控制灌溉区域，减少行间杂草滋生，降低局部空气湿度，减轻病虫害发生。

桃园如何施肥？

（1）科学确定桃园施肥量。应根据目标产量、土壤、品种、树龄、树势以及有机肥施用量等差异科学确定化肥施用量。幼龄桃园可根据树龄确定化肥施用量。盛果期根据土壤有效养分测定值与产量确定施肥量，施用量一般按 $N:P_2O_5:K_2O=2:1:2$ 的比例，当土壤速效磷和有效钾含量足够时，应适当降低磷肥与钾肥的比例。应注意中微量元素肥的施用。

（2）秋施基肥。秋施基肥后，土温还较高，肥料分解快，秋季又是桃树根系又一次生长高峰期，吸收根数量多，且伤根容易愈合，肥料施用后很快就被根系吸收利用，制造更多的有机物贮藏于树体内，对来年桃树生长及开花结果十分有利。

施基肥的时间以9月下旬至10月中旬为宜。肥料种类以有机肥为主，包括农家肥、生物有机肥、豆饼、菜籽饼等，配合部分化肥（全年化肥用量的1/3）。条沟法施入，在行间或株间开沟，沟深度与宽度各40～50厘米，长度根据肥料数量确定。有机肥一定要腐熟好，并且在施用时和表土混匀后再回填（图5-37）。

图5-37　秋施基肥

产量水平3000千克/亩以上：有机肥4～5米^3/亩，氮肥（N）15～18千克/亩，磷肥（P_2O_5）8～10千克/亩，钾肥（K_2O）18～22千克/亩。

产量水平2000千克/亩：有机肥3～4米^3/亩，氮肥（N）12～16千克/亩，磷肥（P_2O_5）7～9千克/亩，钾肥（K_2O）17～20千克/亩。

产量水平1500千克/亩：有机肥2～3米^3/亩，氮肥（N）10～12千克/亩，磷肥（P_2O_5）5～8千克/亩，钾肥（K_2O）12～15千克/亩。

若前一年施用有机肥数量较多，则当年秋季基施的氮、钾肥可酌情减少1～2千克/亩，而果实膨大期的氮钾肥追施量可酌情减少2～3千克/亩。

（3）生长季追肥。

氮肥施用次数和时期应根据桃品种差异和生长结实情况灵活掌握。中早熟品种于硬核期和养分回流期2次施入，施用量分别占全年总施氮量的40%和60%。中晚熟品种于花芽生理分化期、果实膨大期前和养分回流期3次施入，施用量分配比例为40%、20%和40%，养分回流期作为基肥施入的氮肥可与有机肥混合施用。施用磷肥和钾肥，中早熟品种在硬核期和养分回流期2次施入，磷肥施用量分别占全年总施磷量的40%和60%，钾肥施用量分别占全年总施钾量的60%和40%。晚熟品种在花芽生理分化期、果实膨大期前和养分回流期3次施入，磷肥的分配比例分别为40%、30%和30%，钾肥的分配比例为20%、50%和30%。追肥可采用放射沟法或全树盘撒施后浅刨覆盖法。

（4）袋控缓释肥施肥技术。

施肥时期：秋季结合基肥或春季桃萌芽前后进行，一年只需要施用1次。

施肥方法：采用放射沟法施用，即距树干30厘米向外挖宽20～30厘米、深20～30厘米、长100～150厘米的放射沟，10年生以下树挖3～4条，10年生以上树5～6条，放射沟的位置每年交替。

施肥量：产量水平在1500千克以下的，每亩施450包（每包95克，20%含氮量，N：P_2O_5：K_2O=2：1：2，下同）；产量水平在1500～2500千克的，每亩施500～700包；产量水平在2500～4500千克的，每亩施700～1200包；产量水平在4500千克以上的，每亩施1000～1500包。沙滩地果园适当多施20%左右，土壤肥沃的果园适当减少20%施肥量。

提倡与有机肥配合施用：提倡在放射沟内同时施用有机肥，包括优质农家肥，生物有机肥（每亩300千克左右），施肥时首先在沟底撒入部分有机肥，然后放入袋控缓释肥，在袋控缓释肥上面再撒上一层有机肥，最后覆土。

桃园为什么提倡水肥一体化？

（1）提高水肥利用效率。与传统的大水漫灌相比，水肥一体化将适量的水和可溶性肥料融合在一起，再通过灌溉设备系统精确、快速地输送到果树根部附近土壤中，减少了水分的蒸发与养分的流失。根据果树对水肥的需求规律，在果树不同生育阶段实现定时定量精准供给，使养分利用率明显提高。尤其是在地形复杂、气候干燥、水源匮乏的地区效果更加明显，可节水约50%，节肥25%左右（魏树伟等，2019）。

（2）改善土壤环境。采用水肥一体化技术可以减少肥料的使用量，从而防止土壤中肥料过量造成土壤盐渍化，在提高土壤养分含量的同时可减轻对环境的污染（许娥，2011）。同时，滴灌能使土壤保持疏松状态，保护土壤的团粒结构，有利于植物的生长与吸收（杨久廷等，2008）。

（3）促进增收。应用水肥一体化后，桃树在地喷灌溉器附近的根系密度会增加，能较快地使根系最大限度地吸收水分和养分，促进新梢生长，提早开花结果。同时对果树增产有较好的效果。另外，由于其自动化控制管理，大大地节省劳动力，从而减少劳动成本的投入。

（4）提高果实品质。水肥一体化技术可以结合土壤养分状况和果树需肥特性进行精准施肥，提高果实品质。这些结果均已经在红枣（吴海兰，2014）、黄冠梨（王立飞等，2015）、葡萄等果树中被证实。目前，桃肥水一体化也开始被广泛应用，均取得了较好的结果。

水肥一体化所需设施设备见图5-38。

图5-38　肥料罐、控制柜和过滤器

85 如何进行疏花疏果？

疏花疏果，可减少养分无效消耗，增加有效养分的积累，对果实大小影响最大，可以成倍增加单果重，这是其他任何措施都不能做到的。目前，应用最普遍的是疏果，其次为疏花，一般不进行疏花芽，对衰老树连年疏花，可以明显恢复树势。从节省营养的角度分析，疏花芽最节省营养，疏花其次，疏果节省营养最少。因此，疏花疏果原则上宜早不宜迟。

（1）疏花蕾。

目的：减少贮藏养分的消耗，减轻疏果工作量，促进幼果、新梢的生长发育。

时期：疏花蕾在花芽膨大后，到开花时结束。

方法：人工疏除，保留枝条中部两侧花蕾，基部花蕾摘掉，其他的花蕾少留。

（2）疏花。

目的：有效利用和贮藏养分，提高坐果率，促进新梢和果实的早期发育。

时期：从大蕾期开始，一直到落花期都可以进行。

方法：人工疏花时，疏除枝条顶部和基部花，保留枝条中部两侧花；机械疏花在桃花开放50%左右时进行；疏除花量为总花量的1/3。首先应疏去小型花、畸形花、朝天花、无叶花，花后疏剪细弱结果枝、过密枝，调整花量。疏花应视天气、树势生长状况决定。天气好、授粉充分宜早疏，开花不整齐应晚疏；成年树可早疏，幼树、旺树要晚疏（图5-39）。

图5-39 疏花前后对比

（3）疏果。

目的：疏果有助于留下的果实发育增大及品质提高，还能防止隔年结果，达到高产稳产，并有减少病虫危害、节省套袋和采收劳力等作用。

方法：疏果分两次进行。第一次疏果在花后20天左右能够分辨大小果时，疏除蔫黄果、小果、病虫果、畸形果、并生果、朝天果，疏除枝条基部、顶部果实，保留枝条中上部果实，选留果枝两侧及向下生长的果实。前一年秋旱暖冬气候会影响桃的花芽分化，第二年部分品种的“双胞胎”果实较多，需要尽早疏除；第二次疏果也称定果，在花后30～40天，根据品种特性（果型大小、是否存在采前落果现象等）、树势强弱、果实成熟期等选择定果时间和留果量。长枝修剪的桃树，大果型品种果与果之间相距20厘米左右，中小果型品种间距15厘米左右。树势偏旺和早熟品种要早疏，晚熟品种可晚疏，保留枝条中上部果实，且均匀分布。蟠桃需保留枝条两侧朝下果。

留果量：根据品种果实大小确定留果量，一般长果枝留果2～3个，中果枝留果1～2个，短果枝留果1个，盛果期树每亩留果量8000～10000个。产量控制在1500千克左右（南方）或2500千克左右（北方）（图5-40）。

图5-40 疏果前后对比

其他注意事项：树势偏旺的品种、存在采前落果现象的品种，应适当推迟疏果时间。一次疏果过多易产生裂核果，分次疏果可以降低裂核现象，露地栽培的油蟠桃宜延长疏果时间。

86 桃人工授粉关键技术有哪些？

在桃树生产中，有些品种如银花露、深州水蜜、金花露、朝晖、早凤王、霞晖9号等属于没有花粉的品种，这些品种果实品质优良，始终受到一部分桃树种植者的青睐，在桃生产中也有一定面积。该类品种在自然授粉情况下，坐果稳定性差，且极易受花期气候影响。因此，需要通过人工授粉的方式提高坐果率，达到丰产、稳产的目的。

（1）授粉品种的选择。选择花粉量大、亲和性好、花期略早的品种作为授粉品种。常用品种有白凤、霞晖6号、TX188等。

（2）花药采集。在授粉前1～2天，从授粉桃品种上采集花朵。将采集好的花朵带回室内，放置于简易的带网眼的塑料筐或者家用的带网眼洗菜盆内，在盆下放置一张白纸或者报纸用于收集花药，接下来对花朵进行揉搓，花药即通过网眼落到报纸上。

（3）花粉制作。将收集到的花药平摊在干净的报纸或白纸上剔除杂质，然后在阳光下晒干，若要急用可在花药上用一普通白炽灯灯泡（25～40千瓦时）照射，使其尽早开裂释放花粉。干燥的花药不需过筛，直接装到洁净、干燥的玻璃瓶或者其他密封容器内，用干净的棍棒搅拌，使花粉散开。然后放在冰箱或冰柜中低温保存，随用随取。若在24小时内使用，则无需低温保存，但要放在阴凉干燥处（图5-41）。

图5-41　花粉的制作

（4）授粉时间。当树体有50%的花开放时即进行人工授粉。授粉作业应在温暖、晴朗无风的上午进行，开花期如遇连续阴雨，应在雨停后花上水干后进行。如遇低温天气，可在盛花期再进行1次。

（5）授粉量。由于桃花量较大，宜选择性地进行授粉。选择长势好的花授粉，长果枝在枝条中部间隔选择5～8朵花授粉，中果枝、短果枝选3～5朵花授粉。授粉总量为留果量的1.5倍左右。

（6）人工点授。用棉球、毛笔、香烟头等作为授粉器具蘸花粉向雌蕊点粉。授粉器在雌蕊的柱头上轻轻一擦即可，注意不要用力和连续摩擦柱头。每蘸1次花粉，可连续授3～5朵花。授粉时遵循先上后下，先内后外的顺序进行。

（7）机械授粉。大面积桃园的授粉，考虑到用工和时间的因素，可以采用喷粉器等机械授粉（图5-42）。粗花粉与滑石粉的适宜配比为1∶3，达到既能减少花粉用量，又能确保产量的目的。

（8）注意事项。低温及干热风等不良天气直接影响人工授粉的效果，在18～25℃的晴天上午授粉最好。气温低于15℃时的授粉效果不理想。如果授粉后2小时内遇降水，需要重新授粉。

图5-42 人工点授和机械授粉

87 桃果实套袋关键技术有哪些？

套袋可以改善果面色泽，提高果实外观品质；有效地防止病虫鸟害，提高好果率；避免农药与果实的直接接触，降低农药残留；减少果肉红色素，促使果实成熟均匀一致，增进品质。

（1）套袋时间。第二次疏果后及时套袋，在当地主要蛀果害虫进果以前完成。套袋前喷一遍杀虫、杀菌剂，喷药后3～4天内完成套袋，喷一片园子，套一片园子。先套成熟较早和坐果率高、不易落果的品种，后套坐果率低、晚熟品种。

（2）套袋方法。套袋时，先撑开纸袋，使袋体膨胀，两底角的通气放水孔张开。果实套入后，果柄或果枝对准袋口中央缝，袋口两侧向果枝折叠，用铁丝扎紧袋口。袋口需扎在结果枝上，扎在果柄处易造成压伤，引起落果，并注意不要将叶片套入果袋中。

（3）果袋选择。桃果袋宜选用纸袋，分为单层袋和双层袋，一般成熟较早、不易着色的品种可选用单层浅色纸袋，中熟桃、易着色品种宜选用单层黄色纸袋，着色暗及晚熟的品种选用外浅内黑纸袋。不同厂家的纸袋材质、透气性等存在差异，另外需要考虑桃果的销售地点对果实着色等的需求。

（4）采前除袋。摘袋时间因纸袋类型、桃品种、南北方气候以及消费习惯而有所差异。南方地区喜欢白里透红的果实，着色较浅，除袋可适当偏迟；而北方市场大多需要全红的果实，适当早除袋。一般而言，套单层浅色纸袋、易着色品种，采前可不去袋，摘果时将果实和纸袋一并摘下。不透光纸袋，南方地区果实成熟前一周左右撕袋，北方地区于采前15～20天将袋底撕开呈伞状，罩在果实上方，经4～5个晴天待果实适应袋外光照后再将果袋全部摘去。果实成熟期雨水集中的地区、有裂果现象的品种可不去袋。受拆袋成本以及拆袋后鸟啄食危害的影响，部分地区对不透光纸袋也不再进行采前拆袋，但需要考虑市场的接受程度，是否影响销售价格。

桃果实什么时候采摘？

采收过早，果实尚未充分发育，果实个小，糖分积累不足，色泽差，缺乏应有的风味；采收过晚，果实过分成熟，果肉松软、硬度不够，不利于贮藏和销售。因此，确定适宜的采收期，及时采收，有利于达到高产、优质、高效的目的。

（1）桃果实成熟度分级。

七成熟：果皮底色绿或绿色开始减退，果实充分发育，果面基本平展无坑洼，中晚熟品种在缝合线附近有少量坑洼痕迹，果面茸毛较厚。

八成熟：从果顶开始绿色明显减退，成淡绿色或淡黄色。果面丰满、基本平展无坑洼，茸毛减少，果实稍硬，有色品种已着色，果实开始出现固有的风味。

九成熟：果皮的绿色基本褪尽，呈现该品种应有的底色，茸毛少，有色品种大部分着色；果肉有弹性，充分表现品种的固有风味（图5-43）。

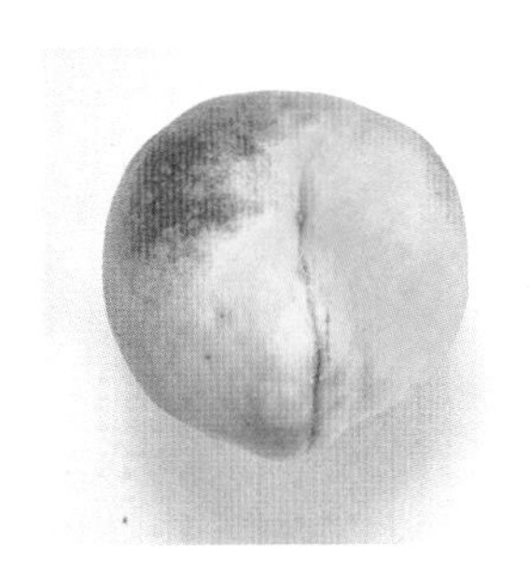
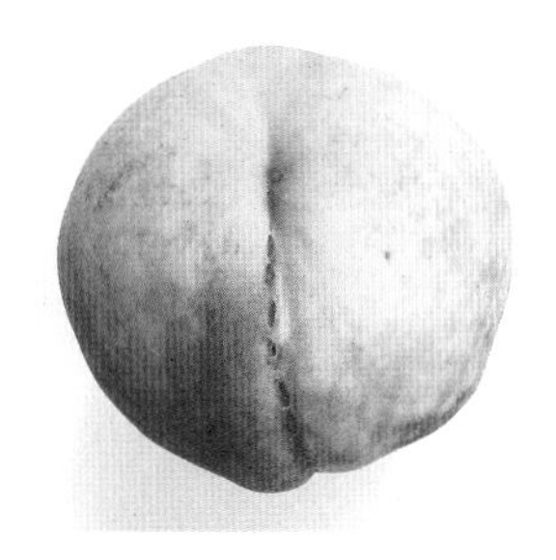
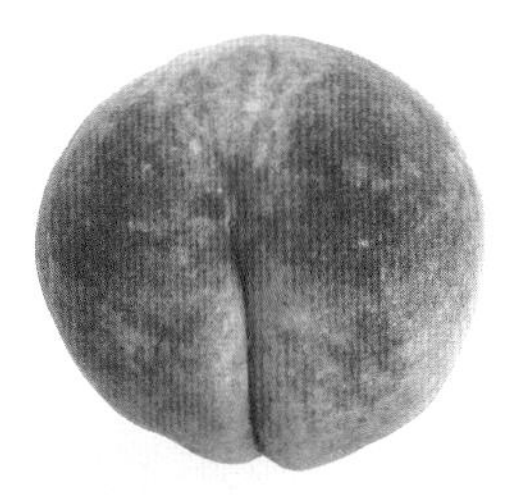

图5-43 不同成熟度水蜜桃

（2）采收时期确定。

历年成熟期：生产中常将历年成熟期作为采收时期的判断前提，但不同年份间花期早晚以及果实发育期间的温度不同，果实成熟期也稍有差别，因此需要在历年成熟期的基础上，结合果实发育和成熟特征来确定。

品种特性：不同桃品种的肉质类型不同，例如一些不溶质和硬质类型的品种，如有名白桃、霞脆等，果实完全成熟时，果肉硬度仍然较大，在采收时可以在成熟度较高时再采摘；但一些软溶质的水蜜桃，如白凤、奉化玉露等，果实完全成熟时，果肉软、硬度小，采收时容易出现手指压痕，需要提前采收。

果实用途：加工黄桃应该在八成熟时采收，此时加工品质好，原料利用率高，制汁品种要成熟度较高时采收，出汁率高。

市场距离：如果就地销售，可在八至九成熟时采收；近距离运销，可在八成熟时采收；远距离运销，则可在七至八成熟就可以采收。大棚内桃果，因花期不同成熟期也不相同，所以要做到边熟边采。

采收天气：采收时要避开阴雨天气，在气温较低的上午露水干后进行采收，要避开中午高温时段，有利于保鲜。

（3）采收方法。桃果含水量高，稍有损伤，极易腐烂。所以采收时，采果人员要剪平指甲，最好带上手套。应全掌握桃，均匀用力，稍稍扭转，顺果枝侧上方摘下。对果柄短、梗洼深、果肩高的品种，则应顺枝向下拔取。采收的顺序是从下往上，从外向内，逐枝采摘。应注意轻拿轻放，避免碰伤和挤伤。采下的桃果应放在阴凉处包装，箱、筐要用软质材料衬垫。

89 采收后桃树如何管理？

桃果采收后，桃树还处于枝条增粗生长、花芽分化形成、树体养分积累的关键期，其管理的好坏直接决定了翌年桃树的花芽质量、果实产量、树体长势。因此，桃树采果后应加强管理，以尽快恢复树势，增加树体养分积累，为翌年桃树优质高产奠定重要基础。

（1）清理果园。桃果采收后，应及时将树体上残留的烂果、僵果和废弃的纸袋一同摘下（图5-44），集中带出园外进行深埋处理，减少病原传播。清理结束后，应全园喷施一次杀虫杀菌剂，减少桃园病虫害基数。

图5-44　未及时清理果袋的桃园

（2）保护枝叶。桃树果实采收完后应做好树体的病虫害防治，确保叶片充分的光合作用。主要针对桃穿孔病、潜叶蛾、浮尘子、红颈天牛、红蜘蛛、蚜虫等病虫害进行防治，根据病虫害发展情况，及时做好相应的防治工作，保护叶片不受害，不落叶。重点关注9月之后有翅蚜回迁危害（图5-45）。

（3）采后修剪。桃果采收后，应根据树势做好修剪工作。对幼果树或结果盛期桃树，应疏除其背上徒长性枝条；对树龄老的桃树，应根据徒长枝位置进行短截，使其转化为更新枝。同时，疏除影响通风透光的密生枝、交叉枝、细弱枝、病虫枝。南方产区桃果采收后温度较高，注意要在温度低于32℃时方可进行修剪，修剪量应随温度的下降逐步加大，分次修剪，不可一步到位。

图 5-45 潜叶蛾造成的提前落叶和二次开花

（4）采后施肥。果实采收后尽早施基肥，一般在 9 月中下旬，此时土壤温、湿度较高，也是根系生长的旺盛期，也有利于肥料腐烂分解和根系吸收。肥料种类以腐熟的羊粪、土杂肥和饼肥等为主，适量加入速效化肥和微量元素肥。

（5）清沟排涝。桃树根系对淹水极为敏感，必须重视雨季排水工作，尤其在南方地区，秋雨较多、地势较低、土壤黏重的桃园，应提前疏通排水沟，以便及时排除多余水分，可结合中耕除草措施，避免因积水而造成涝害。

90 如何刮胶涂白？

桃树刮胶涂白不仅能够杀菌、加速伤口愈合，还能起到有效杀死树皮内越冬虫卵和蛀干害虫，防止日灼和冻害的作用。因此，该技术在桃生产中的运用越来越普遍。在南方产区，冬季修剪之后的主要工作就是刮胶和涂白。

（1）刮胶的方法。传统生产中，刮胶常在冬季进行，一般果农会选择使用铁质的铲子刮胶，但调查中发现，铁质铲子极易破坏树皮。本书提出一种比较简易的不容易损伤树皮的除胶方法。即使用硬质刷子用力在树干来回刷胶，除胶干净还不伤树皮。操作前可找一把扫马路用的竹质大扫帚，剪下部分扫把上的小枝条，用铁丝或绳子将这些小枝条扎起来制作一个简易的刷子，待降水后，树体上的桃胶吸水泡软就可以开始刷胶。操作简单，省力省工（图 5-46）。

图5-46　刷胶过程

（2）涂白剂组成成分及作用。

涂白剂根据不同防治目的，配方稍有不同，但大致都是由石灰、杀菌剂和辅助剂3部分组成。

（3）涂白剂的使用。

配制：涂白剂配制时先将生石灰加少量水溶开，待放热完成后，依次加入石硫合剂、食盐、油等辅助剂，加入足量水搅拌均匀就可以使用了，配置好的涂白剂最好一次性使用完。

使用时间：冬季北方涂白一般在11月底至封冻前都较适宜，涂白太晚，害虫已经完成上下树的转移。同时还要注意气温，经过多年实践证明，当果园温度低于0℃时，涂白剂不仅容易脱落，而且由于涂刷后的结冰，可能损伤树体。因此涂白一般在晴天进行。

具体操作：涂白前先刮除树干上的粗皮、老皮、翘皮等，包扎树体的开裂处。清理干净涂抹部位，同时保持树干的干燥，增加涂白剂的附着力和渗透力；使用时，充分搅拌涂白剂至稀稠均匀，使涂抹后涂白剂不会顺树干向下流，又不会黏在一起，以能均匀地在树干上黏上一层为宜；一般选择在距地面1～1.5米处，重点涂抹主干根颈部（图5-47），普通枝干或当年生枝条不要涂抹，以免破坏树皮表层。对于有轮纹病、腐烂病的部位要重点涂刷。

图 5-47　树干涂白园况

（4）注意事项。不建议涂白剂和杀虫剂、杀菌剂等混合使用。因为几乎所有的涂白剂都是碱性的，而大部分杀菌剂、杀虫剂呈酸性，如不慎加入这些酸性药剂，会起到中和作用，从而影响涂白剂的效果。

第六章

采后及其他问题

91 如何进行桃果实的分级和包装？

分级均匀整齐、外观美观的果实，再配合精美、有文化的包装，往往对消费者有更强的吸引力。严格执行果实分级、包装可保证果品以较高价格销售，从而提高桃的经济效益。

（1）桃的分级。桃果实分级主要包括人工分级与机器分级两种。人工分级是通过人工选果，去除病虫果、损伤果，凭人的视觉与经验将果实分别放置在不同的分级堆中。机器分级主要依据果实纵横径大小、果形、质量、果表颜色、表面缺陷等进行自动化、智能化分级，是比较先进的现代分级方式（图6-1、图6-2）。

图6-1　人工分级

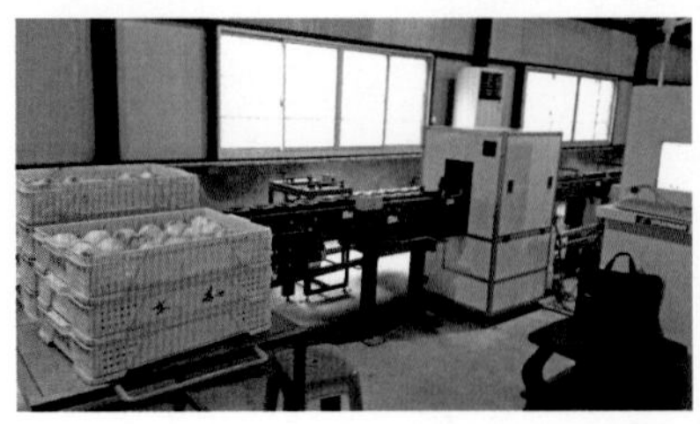

图6-2　机器分级

（2）桃的等级。国家农业行业标准（NY/T 1972—2009）对桃等级的基本要求为：成熟、新鲜、洁净、无不正常外来水分、大小整齐度好，无碰压伤、磨伤、雹伤、裂果、虫伤、病果等果面缺陷。在符合基本要求的前提下，桃分为特级、一级和二级3个等级，等级划分应符合表6–1的规定。其中特级果可有不超过5%的果实不满足本级要求，但满足一级要求，且其中有果面缺陷的果实不超过3%；一级果可有不超过10%的果实不满足本级要求，但满足二级要求，其中有果面缺陷的果实不超过5%；二级果可有不超过15%的果实不满足本级要求，其中有果面缺陷的果实不超过8%。

表6–1 桃果实等级

项目	特级	一级	二级
果形	圆整	圆整	可稍有不正，但不得有畸形果
果皮着色	红色、粉红面积不低于3/4	红色、粉红面积不低于2/4	红色、粉红面积不低于1/4
①碰压伤	无	无	无
②蟠桃梗洼处果皮损伤	无	总面积≤0.5厘米^2	总面积≤1.0厘米^2
③磨伤	无	允许轻微磨伤1处，总面积≤0.5厘米^2	允许轻微不褐变的磨伤，总面积≤1.0厘米^2
④雹伤	无	无	允许轻微雹伤，总面积≤0.5厘米^2
⑤裂果	无	允许风干裂口1处，总长度≤0.5厘米	允许风干裂口2处，总长度≤1.0厘米
⑥虫伤	无	允许轻微虫伤1处，总面积≤0.03厘米^2	允许轻微虫伤，总面积≤0.3厘米^2

（3）桃的包装。根据桃果采后所处的不同阶段，将包装分为运输贮藏包装和销售单位包装两种类型。运输贮藏单位包装可采用10～15千克的果箱、果筐，或临时周转箱等。在木箱或纸箱上需打孔，以利于通风。销售单位包装则是直接面向消费者，根据市场需求可分为大包装与精细包装两类，大包装与运输贮藏单位相似。精细包装一般每箱重量为2.5～10千克，有的为每箱1～2.5千克，甚至双个或单个果品包装。果实装入容器中要彼此紧接，妥善

排列。同时在包装箱上要注明品种、等级、重量、规格、数量等产品特性，并贴上产地标签（图6–3至图6–7）。

图6-3　长途运输塑料筐包装

图6-4　中短途运输周转筐包装

图6-5　批发零售包装

图 6-6　零售精品包装

图 6-7　电商快递包装

92 用于桃果保鲜的新技术主要有哪些?

目前，国内外对桃果实贮藏保鲜采用的方法主要可分为物理保鲜、化学保鲜和生物保鲜3种。

(1)物理保鲜技术。

低温保鲜：桃的最适贮藏温度和品种有关(赵心语等，2014；周慧娟等，2009)。低温处理可迅速排出采后果实的田间热，减少营养成分散失和延缓果实软化。但一些水蜜桃品种在低于0 ℃长时间贮藏时会出现冷害，因此冷激时间适合控制在10～30分钟，时间过长则影响果实风味。低温保鲜具有安全、效果好、可操作性强等优点，缺点是能耗大、不够低碳经济，且不适宜的温度很容易诱发软溶质水蜜桃的冷害。

气调保鲜：O_2和CO_2的体积分别维持在3%和5%浓度下的气调保鲜效果最佳，可以较好地保持总糖含量，减少失重率(安建申等，2005)。气调保鲜技术和其他保鲜技术共同使用能取得更好的效果。但要对不同品种的最佳工艺参数进行深入研究，商业上桃果实气调保鲜的贮藏条件推荐为0℃，1%O_2+5%CO_2和2%O_2+5%CO_2，保鲜效果和贮藏时间都比较理想(吴敏等，2003)，但成本较高。

调压保鲜：调压保鲜包括加压保鲜和减压保鲜，但目前应用较多的是减压保鲜。主要做法是在低温高湿条件下，利用真空泵抽出库内空气降低压力，通过每小时4次的低压空气循环去除果实田间热，以及果实产生的乙烯、CO_2等气体。减压保鲜能延缓失水萎蔫，减缓果实硬度和可溶性固形物的下降速度，明显增加果实货架期。

辐射保鲜：紫外线杀菌和超声波处理是目前采用较多的两种辐射保鲜方法。利用短波紫外线可有效杀菌，减少贮藏期间褐腐病和软腐病的发生。同时低温贮藏和辐射处理联合使用，可以减轻果实的冷害。超声波处理会产生局部的高压和高温，生成自由基杀灭病原菌，并在处理中对果实机械清洗除尘，达到双重效果。

(2)化学保鲜技术。

臭氧贮藏保鲜：臭氧保鲜的原理是臭氧可以氧化有机物质，分解乙烯等气体，减缓呼吸作用和营养物质在贮藏期间的转化，诱导果实产生抗病性。臭氧杀菌在贮藏期间要多次处理，成本偏高，操作繁琐。不同品种的桃采取保鲜措施时对臭氧浓度也有不同的要求，高浓度的臭氧容易对人体和果实造成伤害。因此在使用臭氧时要控制好臭氧浓度，规避其不利影响。

钙处理保鲜：在桃果实贮存过程中，进行适度的外源钙处理，可有效推迟桃果实采后的成熟与衰老。钙类保鲜剂不仅适用于桃果实的采后保鲜，也可用于采前的营养补充，提高桃果实采摘品质，提高单果重。钙处理基本无毒性，且成本较低廉，实用价值较高。但一定要注意使用的浓度，钙离子浓度过高，果实反而会迅速衰老。

1-甲基环丙烯（1-MCP）保鲜：合理使用1-MCP可提高冷藏中桃果实的硬度，减轻失重和冷害的发生，延迟果实衰老。1-MCP虽然无毒，且无残留问题，但一定要控制剂量，以免造成二次污染。

植物提取液保鲜："蔗糖酯"可抑制果蔬呼吸作用和水分蒸发；复合维生素C衍生物，可用于鲜切水果加工前处理，防止褐变；肉桂精油、薄荷精油可有效抑制根霉、青霉等致病菌；海藻酸钠-亚油酸复合保鲜液具有良好的气体选择透过性，可抑制果蔬呼吸速率、抵御微生物侵染、保持果蔬风味；利用姜汁处理可有效保鲜水蜜桃（王亦佳等，2013），利用2%普鲁兰多糖可降低水蜜桃失重，较好地维持桃果实品质（崔志宽等，2013）。

（3）生物保鲜技术。生物保鲜技术是采用微生物或抗生素类物质，通过喷洒或浸渍果品，以降低果品采后腐烂率的保鲜方法。生物保鲜使用条件易控制，没有环境污染、农药残留等问题，但现在在生产实践中使用较少，成本较高。已工业化生产的微生物防腐剂有乳酸链球菌素、那他霉素、曲酸等。

93 桃果长途运输关键技术有哪些？

水蜜桃的短途运输距离一般为500千米以内，运输时间在6小时以内；中途运输距离为500～1000千米，运输时间为6～12小时；长途运输距离为1000千米以上，运输时间为12小时以上（杜纪红等，2018）。长途运输一般采用冷链运输，中短途运输基于成本考虑常采用卡车常温运输。

（1）运输前包装。

贮运包装：运输包装按材料分主要有木箱、纸箱、泡沫箱、塑料箱以及竹筐，其中塑料箱和纸箱应用较为普遍。按规格可以分为单层箱、双层和多层箱；按形状分有立方型和长立方型。

单果包装：常用单果包装有泡沫网包装、海绵纸包装、保鲜膜袋包装、海绵网包装后泡沫网外包装、保鲜膜袋包装后泡沫网包装。泡沫网的规格要适合果型大小；海绵网和包装纸应质地柔软，清洁、完整，具有一定的韧性和通气性能。

内垫包装：内垫包装材料主要有碎纸屑、泡沫屑和牛皮纸等。其中软溶质桃，建议单果泡沫网包装后，放入内垫碎纸屑的单层四周带孔塑料筐、单层带有隔板纸箱内贮运；硬溶质桃，建议单果泡沫网包装后，放入内垫碎纸屑的单层四周带孔塑料筐、单层纸箱或单层泡沫箱内贮运；不溶质桃，建议单果泡沫网包装后，放入内垫碎纸屑的多层四周带孔塑料筐、纸箱或泡沫箱内贮运；部分精品果可选择竹篮、不同形状和寓意的纸盒等包装。

（2）预冷。长途运输前最好将桃果进行预冷，以果心温度降至0～2℃为宜。普通低温冷库预冷，果品果心温度达到0～2℃需要≥20小时（图6-8）。不同品种差压式预冷时间有一定差异，应根据品种特点制定相应的预冷工艺。

图6-8　低温预冷

（3）装车。运输车辆包括冷藏车、普通货车、厢货等。车辆需清洁，不得与有毒、有异味、有害物品混装，不建议与其他果品混装。果品装车应快进快出，短时间内装车完毕，果品装车量应为车内容量的4/5，以利于空气的流通和冷量的传送。冷链运输车的制冷性能最好能进行检验和调控。

（4）运输。装车完毕后，立即开启降温装置，且在运输期间不能关闭降温装置，不能开启冷链车车门。建议短途运输（＜500千米）运输车温度为（7±1）℃；中途运输（500～1000千米）运输车温度为（5±1）℃；长途运输（＞1000千米）冷链运输温度为（2±1）℃为宜。运输车内温度波动不应超过±2℃；超长途冷链运输（运输时间≥10天）建议冷链运输温度为（0±1）℃为宜。

 目前种桃的成本有哪些？

桃生产成本是指生产桃所需的各种费用总和，可分为物质成本、人工成本和土地成本3部分。其中，物质成本又可分为直接成本和间接成本。用工成本包括自有劳动力用工折价和雇工费用。土地成本包括流转地租金和自营地折租。

（1）物质成本。物质成本中的直接成本主要包括苗木、肥料、农药、水电费、运输包装费等。间接成本包括建园费用、工具器械、财务费用等。以江苏为例，苏北产区在2019年物资成本为每亩1080～1940元；苏南产区为每亩2120～2800元。其中农药、化肥、有机肥是构成物质成本的三大要素，3项合计占物质成本的50%以上。其他物资包括果袋、农机折旧、水电燃油等变化趋势平稳。

（2）人工成本。桃园人工成本主要包括花果管理用工（疏花疏果、套袋摘袋、采收）、修剪用工（抹芽、夏剪、冬剪等）、病虫害防治、土壤管理用工（施肥、浇水、除草等）。其中小规模桃园主要是种植专业户自己生产经营，自有用工占比90%以上，只有在疏果、套袋、解袋等农忙时临时雇工。其中，疏花疏果、套袋解袋、采收包装、施肥、打药等管理作业用工较多。多数产区用工成本已经超过生产总成本的一半以上。另外，不同产区用工单价差异较大，经济相对发达地区，目前用工单价已经超过120元/天。而且，随着城镇化速度的加快，农村劳动力向城镇转移，劳动力的日工资还在持续上涨。

（3）土地成本。以江苏为例，苏北和苏南产区土地租赁价格基本均为每亩400～600元、800～1200元、1750～2500元三档，如果规模扩大，土地成本必将增加。尤其是建大规模桃园时，一定要考虑土地成本。

如何提高种桃的经济效益?

高效益是桃产业可持续发展的核心动力。提高经济效益=减少投入（人工和物资）+增加产出（产量和单价）。因此，提高产业效益的途径包括减少投入和增加产出两个方面。

（1）减少生产成本的主要途径。

减少劳动力投入：人工成本投入是影响生产成本的最重要因素，控制成本的重点是如何控制劳动用工的费用。在果园管理方面，疏果、修剪、套袋、除草等工作是耗费劳动力最多的劳动项目，所以，在选择品种时，要优先选择自花结实（有花粉）、坐果率适中的品种；在栽培管理上，选用操作简便、修剪量少、易管理的整形修剪方式，如长梢修剪、避免过分开张等；矮化和半矮化桃品种也可有效减少果园劳动力投入。

减少物质投入：肥料是物质成本中投入最高的项目，如何有效发挥肥料使用效率，提高肥料效能，是降低物质成本的关键因素。因此，迫切需要研究和推广精准化施肥技术，此外，在发挥肥效，降低肥料使用量的同时，施肥过程应简洁方便，如推广使用袋控释肥技术（图6-9）。

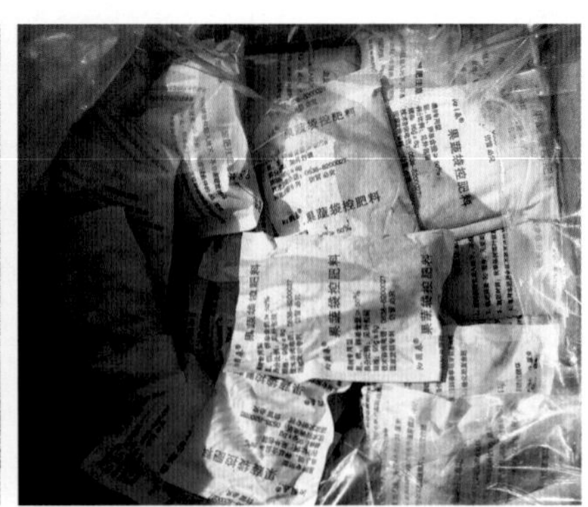

图6-9　袋控缓释肥

（2）增加产出的主要途径。

增加产量和降低损耗：除了选择有花粉、丰产稳产的品种之外，在整形方式上，要尽量选择丰产树形，适当增加树冠高度，增加冠内光照，实现立体结果，避免过分开张，导致结果表面化。主栽品种要选择硬肉、留树时间长，不易变软或者果肉软化速度慢的品种，可以降低损耗，提高商品果率。建立自然灾害、病虫害快速反馈反应机制，抓紧研究和推广防灾、减灾技术，增强桃产业的风险抵抗能力，实现丰产稳产。

提高果品质量和销售价格：果品质量往往是价格的主要决定因素，所以，生产者要通过品种选择和栽培技术、管理水平，努力提高果品质量。在销售方面，通过优势产区规模化经营，建立产地市场，果园超市对接，发展专业合作化经营和物流配送、电子商务等，疏通销售渠道，提高销售价格。

丰富果品销售的方式：充分利用现代移动通信社交软件，如微信、短视频App等。这些手机应用已成为人们茶余饭后的消遣热门工具，也成为了众多品牌营销推广的主流渠道。通过制作好的内容在引起大量传播的同时，还能吸引粉丝关注，带来转化。假若有生产基地，可以拍摄从种苗到成熟到销售的整个全过程。每一个小过程都可以做一个知识点来做视频，吸引粉丝，增加流量。

96 桃胶有什么价值？

桃胶是桃树皮中分泌出来的胶状物质，流胶本身对树体造成不利影响，但随着桃胶应用越来越广泛，反而会为农户带来另一份收入。

（1）桃胶的化学成分。桃胶主要成分是多糖，其多糖主要由半乳糖和阿拉伯糖组成，还含有少量的甘露糖、鼠李糖及葡萄糖等成分，此外还含少量的蛋白质和杂质等。桃胶多糖是一种酸性黏多糖，其含量高达90%以上，可作为中药资源（丁婷，2010）。

（2）临床应用。《本草纲目》中记载：“桃树茂盛时，以刀割树皮，久则有胶溢出，采收，以桑灰汤浸泡过，晒干备用”。这是古代中医对桃胶的炮制方法。清代《本经逢原》中记载：“桃树上胶，最通津液，能治血淋、石淋。痘疮黑陷，必胜膏用之”。说明桃胶作为中药有一定疗效。现代医学研究也表明，桃胶多糖具有提高机体免疫水平，增加机体抗氧化能力的作用，同时，桃胶在治疗糖尿病方面有一定的疗效。

（3）食品中的应用。我国沿海一带沿袭了桃胶的食用传统，一般是烹饪菜肴或熬煮后直接食用，由于桃胶的口感特别、来源相对环保，所以一直有人食用桃胶。在江苏太湖流域有很多桃胶被加工成桃胶银耳饮料、桃胶羹、枸杞桃胶果冻等，受到消费者的普遍欢迎（图6-10）。

图 6-10　商品桃胶和桃胶羹

（4）采收。桃胶一般在高温或者雨后出现增多。因此，可在桃胶出现后的晴天无雨日人工用小刀或者徒手摘胶。将桃胶在太阳下晒干或人工烘干，洗去杂质或者用剪刀剪除杂质就可得到较好的胶块。

97 桃生产中还可以使用哪些机械？

我国现有的果园管理机械除了最常使用的植保机械之外，生产中还常见枝条粉碎机、除草机、开沟机、修枝机及配合了果品收获的大型机械等。

（1）动力机械。果园动力机械是指各种拖拉机和与其他作业机械配套的内燃机，它们是果园管理机械的核心。果园的多种管理技术主要以拖拉机牵引配套的果园专用农具实现。

（2）作业机械。

挖坑机：目前我国推广应用的果树挖坑机有拖拉机牵引式、悬挂式、自走式和手提式4种类型，主要用于果树栽植和挖坑施肥。小型汽油挖坑机

（图6–11），由小型通用汽油机、超越离合器、高减速比传动箱及特殊钻具组成。

图 6–11　小型汽油挖坑机

耕整机：利用拖拉机耕整土地，主要有液压翻转犁、圆盘耙、旋耕机等，要求拖拉机整机具有三点悬挂装置、液压输出装置；履带自走式旋耕机由于通过性好，适应低矮果园和大棚使用（图6–12）。

图 6–12　普通旋耕机和履带自走式旋耕机

开沟机：拖拉机牵引式开沟机主要为圆盘式开沟机，分为单圆盘和双圆盘两种，主要用于浇水和施肥；履带式开沟机通过性好，更适合低矮果园和大棚使用（图6–13）。

图 6-13　普通开沟机和履带式开沟机

割草机械：适用于果园的割草机基本可分为背负式割灌机、机械牵引式（悬挂式）割草机以及自走式（乘坐式）割草机三大类。背负式割灌机具有操作简单、价格便宜、质量轻、适用性强等优势，已经广泛应用。机械牵引式割草机以及自走式割草机具有速度快、作业通过性强、效率高的优点，但售价较高（图6–14）。

图 6-14　割草机械

小型运输机械：近年来，国内研发的果园运输机械主要包括四轮式农用运输机、履带式运输机、单轨运输机、双轨运输机等。由于履带式运输机的通过能力好，在江苏桃产区较为常见（图6-15）。

图6-15 履带式运输机

果园操作平台：果园作业平台行走机构一般采用轮式机构或者履带式行走机构，轮式机构具有行走速度快、操作简单、后期维护成本低等优点；履带式行走机构与地面接触面积大、接地比压小、爬坡性能和越沟性能较好（图6-16）。

图6-16 果园升降操作平台

枝条粉碎机：大型枝条粉碎机系统复杂，粉碎效率高，但运行成本高，噪声大。我国果园采用的是分户管理模式，普遍规模小，分散性强，大型粉碎机的应用推广并不理想；小型果树枝条粉碎机的动力源多为电动机，而电动机供电需要稳定的供电线路，难以移动作业，因此推广利用程度也不高（图6-17）。

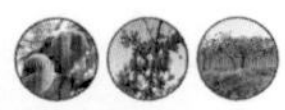

图 6-17　枝条粉碎机

（3）其他小型机械。

电动修枝剪：目前市场上剪枝工具有人工剪枝工具和半自动化剪枝装备，其中仍以人工剪枝工具为主。电动剪枝工具结构简单，操作简便，不受气候和地形影响，适应性强。在操作性、剪枝作业针对性和能耗有效性等方面优势明显（图6–18）。

图 6-18　电动修枝剪

疏花器械：机械疏花疏果可提高果实产量及品质，国内目前常见的小型疏花器主要为单轴甩绳式疏花机（图6–19）。

图 6-19　电动疏花器

如何繁育桃苗?

(1)苗圃地准备。不宜在果园、林木苗圃地再次进行育苗，苗圃地在育苗前最好进行土壤消毒处理，减少病虫害。苗圃地播前深翻25～30厘米，结合深翻每亩施基肥3～5米^3，深翻后整平。平整后做畦和排水浅沟，苗圃地外围做排水沟。畦面宽度1～1.2米，以畦两边嫁接工人操作时不影响畦面最外围桃苗为宜。

(2)种子准备。毛桃成熟时采收，去掉果肉留核晒干，放于通风干燥处备用。秋播前种子需浸种5～7天，每天换1次水，将漂浮于水面的瘪种子捞出，浸种后及时检查，以种皮潮湿、种子略为膨胀为宜。将浸泡好的种子浸入0.3%～0.5%的硫酸铜溶液或0.5%的高锰酸钾溶液中消毒2小时后捞出，散水后即可播种。

(3)播种。按照8000株/亩的出苗量计划，一般播种量为60～100千克/亩。秋播时间一般为11月上旬至12月上旬为宜。建议采用播种机播种，行距25～30厘米，种子间距为8～10厘米。无播种机条件而采用人工播种时按照行距30～40厘米，种子间距15～20厘米，开深5～7厘米沟，点播播种。若采用移栽苗，栽种株距在15～20厘米，行距在30～40厘米较适宜。

(4)苗期管理。春季种子萌芽至出苗期间应及时驱鸟，出苗后应及时除草，以利苗木的生长。当苗木长至4～6片叶时，每月追施尿素1～2次，促进砧木苗的生长。适时浇水，及时除草。降水多时苗圃地应及时排水，避免积水。嫁接前摘除砧木基部15厘米内的分枝，利于嫁接。

(5)嫁接。

嫁接时期：嫁接一般在5月中下旬至6月下旬进行，具体的时间应根据毛桃砧木的生长情况以及接穗枝条的成熟度来确定。一般砧木苗基部粗度达到0.4厘米以上时即可进行嫁接。

接穗采集：采集树冠外围中上部发育较充实、芽饱满、无病虫害的当年生新梢作接穗，剪去叶片，只留叶柄。将采集好的接穗捆扎成捆，插入水中后，梢部枝条用湿布盖住保湿，存放于阴凉潮湿处备用，随取随用(图6-20)。

图 6-20　接穗采集和临时保存

嫁接操作：在砧木地面以上10～15厘米内选择光滑部位进行嫁接，生产中常用带木质芽接法进行苗木嫁接，也有些地区在嫁接过程中采用改良的带木质芽接法，即在接穗上取芽片和砧木上切嫁接口均为一刀完成，将芽片削成“船”形，直接贴在砧木切口上，这种嫁接方法更加简便，嫁接速度快、愈合快，嫁接口用柔韧性好的专用嫁接膜进行包扎，自上而下包扎，将接芽和叶柄外露，包紧包严。

（6）嫁接后的管理。

剪砧：嫁接后在接芽上方保留3～4片砧木叶片进行剪砧，当嫁接芽萌芽新梢高度达15～20厘米后在接芽上方2厘米左右剪去砧桩（图6–21）。

图 6-21　剪砧后接穗发芽

除萌蘖：嫁接后，及时抹除砧木叶腋中的萌芽以及基部萌蘖，促进接芽萌芽生长。

苗期管理：接芽萌芽后，及时剪砧和抹除砧木副梢，当接芽生长到5厘米以上时，结合灌水撒施尿素10千克/亩，苗木生长到40厘米以上时再追肥一次。后期视苗情、墒情，适时追肥浇水，叶面喷肥，防治病虫害。苗木生长后期控氮控水，喷300倍磷酸二氢钾，促进苗木充实。

（7）苗木的出圃。起苗时间一般在苗木落叶期至来年春季萌芽之前。采用起苗机起苗可提高起苗效率。起苗过程中尽可能多带侧根、细跟，保留20厘米以上的根系，防止挖断根系或挖的根系过短，并防止苗木损伤或碰破苗木皮层表皮。

99 桃苗的假植和包装运输有什么要求？

根据假植时间可分为短期（临时的）假植和长期（越冬）假植。临时假植一般不超过10天，可挖浅沟，只要用湿土埋严根系即可，干燥时及时喷水；长期假植需要挖假植沟假植。在销售时还需要进行检疫消毒和适当的包装。

（1）长期假植。起苗前先挖好假植沟，选择地势平坦、土壤湿润、排水良好的避风处挖假植沟。一般沟宽1米、深0.5米，长度不要超过10米，如苗木数量多可另挖假植沟，相隔20厘米以上以避免假植数量过多伤热。将起出的桃苗按25棵或50棵一捆用绳子捆好，顺序排在假植沟内，用湿沙埋好根系并高出地面。假植时将苗木顺沟向一个方向倾斜摆放，摆一层苗埋一层土或沙，使苗木根系充分与土壤接触，倾斜的苗木埋土60厘米以上，严寒地区要埋土至定干高度以上，回填后沟内不留空隙。较弱小的苗木可全部埋入土中（图6-22）。

图6-22　桃苗假植

（2）包装。包装前对苗木根系和枝梢适当修剪整理，使根部整齐，朝向一致，分品种、等级，定量25或50株为一捆，挂好标签。标签标明苗木生产单位、地址、联系电话以及砧木、品种、苗龄、质量等级、数量、日期等。

（3）运输。少量的苗木应保湿包装，通过当地快递或物流发货。长距离运输大量的苗木时，车厢内应先垫上草帘等物，以防车板磨损苗木，装车时应根系向前，树梢向后，顺序安放，不要压得太紧，根部用苫布盖严，洒水保湿（图6-23）。尽量缩短运输时间，运输过程中随时检查，防止苗木失水、风干、冻害、发热。

图6-23　桃苗运输

种桃时可能会遇到哪些气象灾害？

我国自然灾害种类多、分布地域广、发生频率高，而气象灾害占各类自然灾害的70%以上。江苏产区在桃生长期的气象灾害主要为低温冷害、夏季高温干旱、暴雨、连阴雨、大风甚至龙卷风，对水果生产造成很大影响。

（1）春季低温。江苏省春季天气多变，尤其是苏北地区，经常有倒春寒发生，对桃的产量、品质等带来一定影响。

（2）暴雨洪涝。江苏省降水具有时空分布不均，年际降水差异较大的特征。如果是持续性的大范围降水或遇到短时间的暴雨都可能导致桃园大量积水而不能及时排出，或者造成河水暴涨等现象，极有可能导致洪涝灾害的发生。若桃树被淹，土壤内氧气供应不足，对于桃根系的生长极为不利，极易出现桃树连片死亡（图6-24）。

图 6-24　由于暴雨洪涝造成的毁园情况

（3）冰雹。冰雹常在强对流天气出现，在全国均有发生。往往伴随电闪雷鸣、狂风暴雨，其主要特征是强度大、持续时间短，对桃树生产，尤其是对近成熟果实的危害几乎是致命的。冰雹从高空中下落，会严重损害桃树叶片、果实等。冰雹不仅会对桃树造成损伤，还为病原菌与害虫的滋生提供了有利条件。

（4）连续阴雨。阴雨天气时间长，累积降水量大而造成土壤长期水分过多，会使桃树根系腐烂或形成渍害（图6-25）。桃成熟前的连续阴雨会导致不能按时有效喷药，加重病菌滋生，造成果实腐坏，失去商品价值，落果、落袋严重等情况发生（图6-26）。此外，雨水过于充足、光照过于缺乏，会导致桃果实糖分积累不足、酸味变重，风味变淡，影响销售。

图 6-25　连续阴雨造成的落果和落袋

图6-26 连续阴雨造成的桃树烂根

（5）大风。在沿海产区常出现瞬间风力达8级以上的大风，在沿海产区一年四季均有可能出现。江苏省的盐城、连云港等地区大风天气主要分布在春季和秋季，其中以4—5月出现频率最高，大都伴随有雷阵雨等天气，造成严重的落果现象。

（6）强降雪。强降雪天气主要在冬季发生，对桃设施造成较大危害。2018年1月在江苏省发生的2次强降雪对全省的大棚设施造成较大的影响，苏中和苏南很多大棚被压坏，损失严重（图6-27）。

图6-27 强降雪造成的棚膜破损和棚架垮塌

（7）应对极端天气灾害的建议。

农业保险：在极端天气灾害发生时，保险可在一定程度上减少桃农的损失。随着各地农业保险政策的逐步完善，有条件的农户或公司应增强保险意识，未雨绸缪，花小钱、保大灾。

灾前预防：在园区规划中，要提前考察地域环境，远离河道和山洪流经处。定植建议实行起垄栽培、行间生草等模式，减轻树体涝害，减少水肥流失。对于早春容易受倒春寒影响、夏季雨水过多的产区可采取设施保护栽培。在生产过程中应及时将沟渠中的淤泥、杂草、树枝等杂物进行清理，保持沟渠通畅。

灾后管理：对于已经发生自然灾害的桃园要尽快摘除挂在树上的空袋与地上落果，尤其霉变的果实，最好深埋，减少病菌；灾后天气转晴后，全园（树体、地面）喷施一遍低毒低残留杀菌剂；灾后适当剪除内膛粗旺枝，增加通风透光，以提高花芽分化质量，为明年丰产打好基础；对于发生洪涝、连阴雨、台风等灾害的桃园，在土壤稍干后，应抓紧时间进行中耕松土，增加土壤透气性。生草的桃园，需要割一遍草，控制草的高度，也利于地面干燥；设施桃园要及时在温室内、外挖坑或排水沟汇水，利用机械进行强力排除，防止墙体因长时间浸水造成垮塌。

参 考 文 献

安建申，张�，陆起瑞，等，2005. 不同厚度薄膜气调包装对水蜜桃贮藏品质的影响［J］. 食品与生物技术学报，(3)：76-79.

安六世，靳志强，2012. 浅山干旱区秦安蜜桃树体改造技术［J］. 果树实用技术与信息，(1)：25-26.

陈昌文，朱更瑞，王力荣，等，2015. 蟠桃新品种‘中蟠桃11号’［J］. 园艺学报，42（10)：2089-2090.

陈昌文，朱更瑞，王力荣，等，2015. 蟠桃新品种‘中蟠桃10号’的选育［J］. 果树学报，32（2)：339-340.

陈锦永，方金豹，顾红，等，2013. 多效唑在桃上安全使用技术规程［J］. 果农之友，(3)：31-32.

陈学森，毛志泉，姜远茂，等，2017. 果园生草培肥地力技术［J］. 中国果树，(3)：1-4.

陈彦，王璠，蔡东，等，2011. 桃流胶病研究进展［J］. 湖北农业科学，50（4)：649-652.

程洪花，2014. 桃白粉病的发生及防治关键技术［J］. 果农之友，3：43-44.

程醒燕，2008. 优质高产桃园建园和经营技术［J］. 农业科技与信息.(15)：25-26.

崔志宽，李阳，李卉，等，2013. 常温下普鲁兰多糖涂膜处理对凤凰水蜜桃保鲜效果研究［J］. 天津农业科学，19（4)：6-10.

丁婷，2010. 桃胶药理学作用的实验研究［D］. 广州：南方医科大学.

董冰，李亮，王燕平，等，2015. 桃树不同树龄整形修剪［J］. 山西果树，(4)：48-50.

杜纪红，叶正文，苏明申，等，2018. 常温储运中不同品种桃果实品质变化的研究［J］. 上海农业学报，34（2)：104-108.

杜平，俞明亮，马瑞娟，等，2004. 桃优质新品种霞晖5号［J］. 中国果树，(4)：4-5.

范洁群，王伟民，吴淑杭，等，2017. 生物质炭对老桃园再植障碍的土壤调理机制初探［J］. 上海农业学报，33（2)：48-51.

范永强，杨燕，焦圣群，等，2011. 氰氨化钙防治桃流胶病的技术研究［J］. 山东农业科学，(8)：87-89.

封传红，张志东，贾勇，等，2020. 性信息素迷向技术在害虫绿色防控中的应用［J］. 四川农业科技，(7)：31–33.

高汝佳，尤春梅，黄沈鑫，等，2016. 不同生物农药及与化学农药复配对桃流胶病菌的毒力［J］. 农药，(7)：536–538.

宫庆涛，姜莉莉，李素红，等，2019. 桃小食心虫的危害特点及防控措施［J］. 落叶果树，51 (6)：35–37.

郭聪聪，曲鸿燕，刘金哲，2018. 桑白蚧对桃树的危害及防治方法［J］. 河北果树，(2)：20–21.

郭继英，姜全，赵剑波，等，2007. 极晚熟蟠桃新品种‘瑞蟠21号’［J］. 园艺学报，34 (5)：1330.

郭继英，姜全，赵剑波，等，2004. 蟠桃新品种瑞蟠5号［J］. 中国果树，(2)：1–2.

郭继英，姜全，赵剑波，等，2004. 蟠桃早熟新品种瑞蟠13号［J］. 中国果树，(6)：1–2.

郭继英，赵剑波，姜全，等，2012. 中熟蟠桃新品种‘瑞蟠19号’［J］. 园艺学报，39 (10)：2079–2081.

郭磊，马瑞娟，俞明亮，等，2019. 桃树引种购苗时需要注意的若干问题［J］. 果农之友，12：1–4.

郭磊，张斌斌，沈江海，等，2020. 草甘膦和百草枯对毛桃幼苗根系形态及地上部生长的影响［J］. 应用生态学报，31 (2)：524–532.

郭磊，张斌斌，周懋，等，2017. 除草剂对桃生理特性和流胶的影响［J］. 西北植物学报，37 (1)：81–87.

郭腾达，宫庆涛，叶保华，等，2019. 橘小实蝇的国内研究进展［J］. 落叶果树，51 (1)：43–46.

韩菲菲，王欢，2019. 梨网蝽发生规律及综合防治技术研究进展［J］. 现代农业科技，(17)：131–132.

郝峰鸽，王新卫，曹珂，等，2018. 桃品种资源抗根癌病评价［J］. 西北农业学报，27 (11)：1606–1614.

侯无危，马幼飞，高慰曾，等，1994. 桃小食心虫蛾的趋光性［J］. 昆虫学报，37 (2)：165–170.

纪兆林，戴慧俊，金唯新，等，2016. 桃枝枯病发生规律研究［J］. 中国果树，(2)：13–17.

纪兆林，谈彬，朱薇，等，2019. 我国不同产区桃褐腐病病原鉴定与分析［J］. 微生物学通报，46 (4)：869–878.

纪兆林，张权，赵文静，等，2019. 桃细菌性穿孔病菌遗传多样性研究［J］. 扬州大学学报（农业与生命科学版），40 (4)：106–112.

江国良，余国清，陈栋，等，2019. 龙泉山脉低产低效桃园升级改造技术［J］. 四川农业科技，（5）：13-14.

姜林，张翠玲，于福顺，等，2013. 我国桃砧木的应用现状与发展建议［J］. 山东农业科学，45（7）：126-128.

姜全,2016. 中国现代农业产业可持续发展战略研究（桃分册）［M］. 北京：中国农业出版社.

靳会琴，潘换来，潘小刚，等，2020. 梨网蝽的危害与防治［J］. 果农之友，（6）：30.

李绍华，张学兵，孟昭清，等，1994. 桃树长枝修剪技术研究［J］. 中国果树，（4）：19-22.

李世访，陈策，2009. 桃褐腐病的发生和防治［J］. 植物保护，35（2）：134-139.

李晓军，翟浩，王涛，等，2013. 山东泰安肥城桃产区梨小食心虫发生规律及预测预报模型研究［J］. 果树学报，30（5）：841-847.

刘勇，何华平，龚林忠，等，2014. 桃炭疽病病原鉴定及木醋液防治研究［J］. 湖北农业科学，53（24）：6002-6005.

刘扩展，王力荣，朱更瑞，等,2020. ‘红根甘肃桃1号’抗南方根结线虫活性物质分析［J］. 果树学报，37（2）：254-263.

刘涛，沃林峰，赵丽，等，2019. 不同连作土壤处理对再植水蜜桃苗生长状况及光合特性的影响［J］. 经济林研究，37（1）：173-180.

刘永琴，叶洪太，2009. 桃蛀螟在桃树上的发生及防治［J］. 中国南方果树，（5）：65-66.

鲁振华，牛良，崔国朝，等，2020. 耐贮白肉油桃新品种‘中油20号’的选育［J］. 果树学报，1-5.

鲁振华，牛良，崔国朝，等，2020. 早熟黄肉桃新品种‘黄金蜜桃1号’的选育［J］. 果树学报，37（9）：1434-1436.

马健皓，杨现明，梁革梅，2019. 昆虫的趋光性与杀虫灯的应用［J］. 中国生物防治学报，35（4）：655-656.

马瑞娟，俞明亮，杜平，等，2002. 桃流胶病研究进展［J］. 果树学报，19（4）：262-264.

马瑞娟，俞明亮，杜平，等，2009. 油蟠桃新品种‘金霞油蟠’［J］. 园艺学报，36（3）：459.

马瑞娟，俞明亮，杜平，等，2004. 早中熟耐贮运桃新品种‘霞脆’［J］. 园艺学报，31（4）：557.

马瑞娟，俞明亮，汤秀莲，等，2000. 油桃育种进展［J］. 果树科学，17（3）：214-219.

马瑞娟，俞明亮，许建兰，等,2017. 早熟油桃新品种‘紫金红3号’的选育［J］. 果树学报，34（11）：1493-1495.

马瑞娟，张斌斌，蔡志翔，2012. 桃裂果的类型、原因及防止措施［J］. 中国南方果树，41

（4）：125–126.

米宏彬，曹祝，张帆，等，2014. 桃园捕食性节肢动物群落结构及动态研究［J］. 应用昆虫学报，51（1）：80–89.

牛良，刘淑娥，鲁振华，等，2011. 早熟桃新品种春美的选育［J］. 果树学报，28（3）：540–541.

牛良，鲁振华，崔国朝，等,2018. 黄肉鲜食桃品种‘黄金蜜桃3号’的选育［J］. 果树学报，35（10）：1297–1300.

牛良，鲁振华，崔国朝，等，2014. 设施栽培专用油桃新品种—‘中油桃9号’［J］. 果树学报，31（1）：157–158.

牛良，孟君仁，崔国朝，等，2020. 中熟白肉桃新品种‘中桃5号’的选育［J］. 果树学报，37（10）：1593–1596.

牛良，王志强，刘淑娥，等，2010. 早熟桃新品种‘春蜜’［J］. 园艺学报，37（12）：2029–2030.

彭福田，2014. 桃园土肥水管理关键技术［J］. 落叶果树，46（4）：1–4.

尚霄丽，2013. 桃常见缺素症症状及防治方法［J］. 果农之友，6：27.

宋宏峰，郭磊，张斌斌，等，2014. 除草剂对毛桃幼苗生长与光合的影响［J］. 园艺学报，41（11）：2208–2214.

宋宏峰，殷守防，马瑞娟，2011. 长枝修剪对桃树生长和果实品质的影响［J］. 江西农业学报，23（10）：79–80.

宋来庆，刘美英，赵玲玲，等，2019. 橘小实蝇在烟台果树产区的监测与防控［J］. 烟台果树，（2）：36–37.

宋文，崔爱军，刘振怀，2010. 桃蛀螟在鲁南地区桃树上的发生规律及防治措施［J］. 植物医生，23（4）：17.

孙瑞红，姜莉莉，王圣楠，等，2020. 山东省桃树重要害虫的监测与防控［J］. 落叶果树，52（3）：36–39.

孙瑞红，姜莉莉，武海斌，等，2020. 中国桃蚜防治药剂及抗药性发展［J］. 农药，59（1）：1–5.

汪祖华，汤秀莲，郭洪，1982. 桃极早熟品种雨花露的选育［J］. 江苏农业科学，2：38–40.

汪祖华，庄恩及，2001. 中国果树志桃卷［M］. 北京：中国林业出版社.

王铤，2012. 成都地区梨网蝽的发生与防治［J］. 现代农业科技，（22）：137.

王力荣，陈昌文，朱更瑞，等，2020. 蟠桃新品种‘中蟠13号’的选育［J］. 果树学报，37

（1）：144-147.

王力荣，陈昌文，朱更瑞，等，2020. 中熟油蟠桃新品种‘中油蟠7号’的选育［J］. 果树学报，37（7）：1102-1105.

王力荣，方伟超，陈昌文，等，2020. 早中熟油蟠桃新品种‘中油蟠9号’的选育［J］. 果树学报，37（6）：942-944.

王力荣，方伟超，陈昌文，等，2020. 中熟蟠桃新品种‘中蟠15号’的选育［J］. 果树学报，37（2）：286-288.

王力荣，朱更瑞，方伟超，2012. 中国桃遗传资源［M］. 北京：中国农业出版社.

王力荣，2011. 桃设施栽培应注意的若干问题［J］. 果农之友，（5）：43-44.

王力荣，2020. 中蟠、中油蟠系列桃品种关键栽培技术［J］. 果农之友，7：1-6.

王立飞，2015. 水肥耦合方式对土壤营养及梨树生长发育的影响［D］. 保定：河北农业大学.

王亮，张克山，张勇，等，2015. 山东枣庄桃白粉病的发生和综合防治技术［J］. 果树实用技术与信息，8：30-31.

王鹏，于毅，张思聪，等，2010. 桃小食心虫的研究现状［J］. 山东农业科学，（12）：58-63.

王艳廷，冀晓昊，吴玉森，等，2015. 我国果园生草的研究进展［J］. 应用生态学报，25（6）：1892-1900.

王亦佳，刚成诚，陈奕兆，等，2013. 姜汁处理对凤凰水蜜桃保鲜效果的影响［J］. 食品科学，34（2）：246-250.

王召元，常瑞丰，张丽莎，等，2010. 桃设施栽培研究进展［J］. 河北农业科学，14（6）：13-17.

王召元，张立莎，常瑞丰，2014. 桃疮痂病发生规律及综合防治技术［J］. 河北果树，1：47-48.

王志强，刘淑娥，牛良，等，2003. 油桃新品种‘中油桃4号’［J］. 园艺学报，30（5）：631.

王志强，牛良，崔国朝，等，2018. 桃园生草的三种方式［J］. 果农之友，（7）：12-13.

王志强，牛良，崔国朝，等，2015. 我国桃栽培模式现状与发展建议［J］. 果农之友，（9）：3-4.

王志强，2009. 桃树再植障碍与再植技术［J］. 果农之友，（2）：22-23.

魏树伟，王少敏，童瑶，等，2019. 果园水肥一体化技术及其应用［J］. 果农之友，（9）：1-2.

翁佩莹，郑红艳，2020. 作物连作障碍的成因与机制及其消减策略［J］. 亚热带植物科学，49（2）：157-162.

吴海兰，2014. 水肥一体化对红枣叶片营养动态及品质和产量的影响［D］. 杨凌：西北农林科技大学.

吴敏，陈昆松，贾惠娟，等,2003. 桃果实采后软化过程中内源IAA、ABA和乙烯的变化［J］. 果树学报,（20）：157–160.

谢琦，张润杰，2005. 橘小实蝇生物学特点及其防治研究概述［J］. 生态科学，24（1）：52–56.

徐秀丽，张士伟，安华，等，2014. 江苏丰县油桃设施栽培技术要点［J］. 果树实用技术与信息,（12）：13–15.

许娥，2011. 果园水肥一体化高效节水灌溉技术试验［J］. 中国果菜,（4）：34–37.

许建兰，马瑞娟，俞明亮，等，2016. 早熟鲜食黄肉桃新品种‘金陵黄露’的选育［J］. 果树学报，33（10）：1324–1327.

许建兰，马瑞娟，俞明亮，等,2013. 中熟蟠桃新品种‘玉霞蟠桃’［J］. 园艺学报,40（6）：1205 – 1206.

杨海清，李福芝，许跃东，等，2012. 桃疮痂病的发生规律及防治对策［J］. 现代农业科技，1：178–181.

杨久廷，肖继兵，辛宗绪，等,2008. 日光温室番茄滴灌与漫灌对土壤理化性质的影响［J］. 辽宁农业科学,（3）：77–78.

杨文，2013. 不同桃品种流胶病感病性及其化学防治研究［D］. 武汉：华中农业大学.

叶航，简恒，朱立新，等，2006. 4种桃砧木对南方根结线虫抗性研究［J］. 中国果树，4：39–42.

叶晓云，2005. 桃树侵染性流胶病发生规律及防治研究［J］. 中国果树,（5）：15–17.

叶正文，李雄伟，周京一，等，2020. 桃流胶病研究进展［J］. 上海农业学报，36（2）：146–150.

叶正文，苏明申，张学英，等,2005. 早熟黄桃新品种—锦香的选育［J］. 果树学报,22（4）：434–435.

叶正文，苏明申，张学英，等，2005. 早熟油桃新品种—沪油018的选育［J］. 果树学报，22（5）：591–592.

俞明亮，马瑞娟，杜平，等，2008. 早熟油桃新品种—紫金红1号的选育［J］. 果树学报，25（1）：134–135.

俞明亮，马瑞娟，杜平，等,2005. 中熟水蜜桃新品种霞晖6号的选育［J］. 果树学报,22(3)：298–299.

俞明亮，马瑞娟，许建兰，等，2014. 晚熟桃新品种‘霞晖8号’［J］. 园艺学报，41（3）：593–594.

俞明亮，马瑞娟，许建兰，等,2011. 油桃新品种—紫金红2号的选育［J］. 果树学报,28(6):1126-1127.

俞明亮，马瑞娟，赵密珍，等，2001. 桃树体内生化代谢与其对流胶病抗性的关系［J］. 江苏农业学报，17（4）：241-243.

俞明亮，王力荣，王志强，等,2019. 新中国果树科学研究70年—桃［J］. 果树学报,36(10):1283-1291.

袁自更，2017. 红颈天牛的生物学特性及防治措施［J］. 果农之友，（4）：27-28.

翟浩，张勇，李晓军，等，2018. 性迷向素胶条结合化学药剂规模化防控晚熟梨园梨小食心虫［J］. 果树学报，35（增刊）：148-154.

张慧琴，谢鸣，陈子敏，等，2014. 抗流胶病中熟桃新品种‘东溪小仙’［J］. 园艺学报，41（10）：2149-2150.

张清源，林振基，刘金耀，等，1998. 橘小实蝇生物学特性［J］. 华东昆虫学报，7（2）：68-71.

赵君瑾，朱建芳，杨小红，2008. 性诱剂防治果园桃小食心虫试验初报［J］. 陕西农业科学，（5）：110-111.

赵魁杰，王志春，史传善，等，1991. 梨网蝽的发生及防治［J］. 昆虫知识，（3）：143-145.

赵密珍，郭洪，周建涛.1996. 不同桃树品种抗流胶病的调查［J］. 中国果树，（3）：45-46.

赵心语，李阳，李建龙，等，2014. 不同低温处理对张家港凤凰水蜜桃贮藏效果的对比研究［J］. 天津农业科学，（10）：19-24.

植玉蓉，叶晓惠，兰英，等，2008. 果树混栽区梨小食心虫的发生规律与防治措施［J］. 西南农业学报，21（4）：16-18.

周慧娟，乔勇进，王海宏，等，2009. 低温对“大团蜜露”水蜜桃保鲜效果的影响［J］. 制冷学报，（5）：41-44.

朱更瑞，王力荣，陈昌文，等，2020. 早熟油蟠桃新品种‘中油蟠5号’的选育［J］. 果树学报，37（5）：773-775.

朱更瑞，2019. 我国桃产业转型升级的思考［J］. 中国果树，（6）：6-11.

庄恩及，吴钰良，徐祝英，等，1985. 黄桃新品种——锦绣［J］. 中国果树，3：29-30.

OKIE W R，REILLY C C，1983. Reaction of peach and nectarine cultivars and selections to infection by *Botryosphaeria dothidea*［J］. Journal American Society for Horticultural Science，108（2）：176-179.